生物権

Rights of living things

関口博

SEKIGUCHI Hiroshi

文芸社

まえがき

今から約40年前、40代前半の私は、地方自治体の畜産関係の研究機関に勤めていました。主な業務は家畜の飼い方を改善し、品種を改良し、地域に合った畜産業を継続し、周囲住民からの理解と共存とを図ることでした。しかし第2次世界大戦後は、比較的に平和が続く一方で、世界的な人口増加の只中にあって食糧増産は緊要の課題となり、これを進めることにより様々な弊害も顕在化してくる時代でもありました。

やがてこのことが、日常業務に追われる私たちの脳裏にも少しずつ沈殿するようになってきました。

具体的には農薬や化学肥料の多使用、大規模農地開発の環境への影響、家畜の大量飼養による糞尿処理や密飼い等の農業関係の問題以外にも、化石燃料の燃焼による大気汚染や、様々な廃棄物による海洋汚濁等人類の営みによる地球への負荷が増大し、これが自然の復元力を超えてしまうのではないかとの懸念あるいは疑念が、次第に大きくなってきました。

私は年齢と共に、現場の研究員から管理的業務に移り、実際の仕事とは別に、未来予測のアンケートに答えたり、コメントを加えたりすることも行ってきました。こうした中でこれから

10年後50年後、あるいは100年後、この地球、そして人類全体はどうなっていくのだろうか、という点に関心を寄せるようになりました。

未来を予測するには過去を振り返ることが第一です。生物の進化は、先行する生物がいてその下地の基に新たな進化生物が出現してきました。

ほとんど無酸素の地球大気に酸素を送り出してくれたのがシアノバクテリアでした。お陰で好気性の微生物が増えて海中に有用な有機物を増加させ、その長い年代の後、ようやく多細胞生物が出現することができました。

やがて海中の植物が海辺から陸地に進出し、これを追うように植物食の動物が地上に満たされ、この段階で陸生の肉食獣が新たな進化生物として出現しました。

人類の将来を考えるのであれば、草食動物は草が十分にあれば生きていけるように、肉食動物は草食動物が草原にたくさんいれば生きていけるように、人類出現前の生物や環境が整っていれば、人類同士で多少のいざこざがあっても、なんとか生きていけるのではないかと思いました。そして人類社会の中だけでの議論ではなく、人類全体を相対化し、他の視線から見る見方を考えてはどうかとも思うようになりました。

私は50代前半から「生物権」という言葉を友人等との雑談に使うようになりましたが、ほとんど相手にされませんでした。いずれどなたかが、この言葉を使って論理を展開してくれるのではないか、その時には賛同の意向を伝えられればいいかなと思いながら、定年後の田舎暮らしを続けてきました。

齢80を過ぎて未だにそのようなことには出合うことはなく、このたび文芸社のご協力もあって自費出版に漕ぎつけることとなりました。自分の考えを文章化することや根拠を確かめることは容易ではなく、出版社の方々にはしばしば挫けそうなところを強力な「つっかえ棒」となって支えて頂いたことに感謝余りあります。

そして読者の方々には拙文を手にして頂き誠にありがたく、将来に対する一考としていただければ幸甚この上なく存じ上げます。

関口　博

目次

I　生物の進化と人類の歴史

ここでは宇宙に地球が出現しこの地球上に生命が誕生してから、多様な進化を経て人類が生み出された経過を極めて簡略に記述し、テーマを考える参考にしたいと思います。

1　地球の誕生と生物の進化

この宇宙は今から約150億年前にビッグバンによって始まり、それから約100億年後、今から約46億年前に太陽系が形成されて、その一員として地球も誕生したとする考えが今では定説となっています。

初め、出来立ての太陽の周りを回っていた微惑星がぶつかり合って、その熱で大きな火の球となり、やがて冷えて海洋（と陸地）、その外側に広がる大気圏および磁場を持つ現在の地球の原形が出来上がりました。そして徐々に生命誕生の環境が整っていきました。

生物の痕跡が認められたのは約35億年前の地層からといわれていますが、今では38億年前には生命が誕生したとの説が有力ですので、ここでは大雑把に生命が誕生しておよそ40億年としておきましょう（図1-1）。

最も初期の生物は、外界と区別する膜を持ち、外の物質を膜の中に取り入れて自己の必要な物質やエネルギーに変換し（同化）、また不必要となった物質を膜外に排出（異化）していました。この同化＋異化＝代謝を行うのに必要なたんぱく質（酵素）を作るための設計図（遺伝子）も、膜の中（細胞内）に有するものと考えられています。

このような初期の生物を原核生物といい、一つの細胞がそっくり同じ二つに分裂して個体を増やすとともに、それと同様に別の細胞と合体して遺伝子の交換を行い、あるいは他の細胞を自分の細胞内に取り込むようなことも行われていたのでしょう。

この頃、地球大気には酸素がほとんどなかったので、いわば偏性嫌気性原核生物ということになりますが、やがて大気中にたくさんある二酸化炭素（炭酸ガス）と地球を覆っている水とを材料に、太陽からの光と熱をエネルギーとして、酸素（ガス）を異化物として排出する光合成の能力を獲得したシアノバクテリアが現れました。

酸素の大気中への放出によって多くの死滅した嫌気性生物もいたでしょうが、それ以上に酸素に耐える、あるいは酸素を必要とする生物（好気性生物）も現れました。更に細胞内で浮遊していた遺伝子をまとめて膜に包み（細胞核）、またミトコンドリアのような小器官を細胞内に有する真核生物へと進化していきました。

この後、原始的な多細胞生物が出現する、今から約10億年前までの約28億年間、生物は単細胞として進化改良を重ねてきたのでしょうか。

この間、地球大気はまだ薄く、宇宙からの放射線や太陽からの紫外線等の光線が降り注ぎ、衝突ともいえるほどの隕石《いんせき》落下の衝撃もあり、地球上では活発な火山活動や陸海が入れ替わるほどの地殻変動、更には無酸素から有酸素の大気の変化など、生物が生きていくにはあまりに過酷な地球環境の激変があったことが想像されます。「母なる地球」といいますが、このお母さんは、生まれたての生物にとってなかなか厳しいものでした。

このような中で単細胞生物は自己を分裂させ、また他の細胞と合体して遺伝子の交換を行い、多様な遺伝子群を全体として有し、その結果としてあらゆる環境の激変に対応し得る能力を獲得して、次の多細胞時代を迎える準備をしたのでしょう。

生物の物質としての本質が遺伝子すなわちＤＮＡにあるとすれば、空想的で情緒的ではありますが、思想としての本質は「どんな困難があっても生き抜き、そして子孫を残す」ということであり、それが単細胞で過ごしたこの28億年の間に培われたのではないでしょうか。あるいはどんな絶望的な状況であろうと生き、そして次に繋《つな》ぐことに「一生懸命」の本質をＤＮＡの中に刻み込むのに、この膨大な時間が必要だったということもできます。大気中への酸素放出の他にも、海洋中への有機物の増加等、生物自体で外部環境を変えながら、次の進化への準備を整えていきました。

いくつかの細胞が集まり、その一部の細胞は外界の物質を取り入れる同化の役割を受け持ち、別の細胞は異化の役割を分担して、得られたエネルギーや物質（養分）を全体で共有した方が生きるための効率が良いため、その方向に向かいました。

すなわち多細胞の出現となりますが、さて子孫を残すには単細胞の時は自分の体（＝1個の細胞）を分裂させればよかったのですが、多細胞となると簡単にはいきません。

最も簡単な方法は、自己の体細胞と同じ遺伝子群（ゲノム）を一つずつ膜に包み体外に放出すれば（分生子）自分と同じ個体を増やすことができ、カビ類（胞子生物）など多くの生物がこの方法で、現在でも子孫を増やしています。

しかし、これでは遺伝子の変化（進化）や多様化の進み方が遅れます。単細胞の時代は合体で遺伝子を変化させることができましたが、多細胞になると個体同士の合体が簡単ではなく、そこで編み出されたのが体細胞とは別に生殖細胞を体内に作り出し、これを他の個体の生殖細胞と合体させて、元の個体と異なる遺伝子セット（ゲノム）の個体を生み出すというものです。生殖細胞を減数分裂させれば、前の個体と遺伝子の組み合わせは異なっても、その数は同じ個体が子孫として残せます。生物進化の過程では「編みだされた」というよりは、様々な試行錯誤の結果この形が生き残ったということになりますね。

約6億年前の原生代末期にはエディアカラ生物群という多細胞生物が多数出現し、その後5億4200万年前から古生代のカンブリア紀に入り三葉虫やその他多種多様な生物種が現れ、地球は賑《にぎ》やかになりました（カンブリア大爆発）。

古生代はこの後オルドビス紀、シルル紀、デボン紀、石炭紀、ペルム紀と続き、この間に植物では藻類のほかにシダ植物が陸上へと進出して石油や石炭の元になり、動物では魚類や両生類など脊椎動物も現れ、植物に先導されるように陸地へと生存域を広げていきました。

古生代末の2億5100万年前には、今までの生物がほとんどすべて絶滅するくらいの大異変が起きたため、これより中生代となりました。

中生代はトリアス紀、ジュラ紀、白亜紀に分けられ、アンモナイトや恐竜が活躍し、植物では裸子植物が繁茂し、また被子植物も現れました。更に、この間ひと塊だった大陸が分裂したり合体したりして、徐々に現在の形に近づいていきました。

そんな多様な生物群が繁栄していた約6600万年前のある日、現在のメキシコ湾辺りに大きな隕石（小惑星）が落下し、恐竜や裸子植物の大部分が絶滅するほどの衝撃を与えたといわれています。これ以降の新生代に入ると、現在見られるような被子植物が繁茂し、衝撃を生き延びた小さなネズミのような哺乳類が次第に大きくなり、馬やキリンやクジラへと進化していきました。

やがて700万年前頃には、霊長類の一部で類人猿（チンパンジー等）と猿人とが分かれ、猿人は様々に分枝しながら進化して、約20万年前に現代人ホモ・サピエンスがアフリカで誕生しました。40億年の生物の歴史の最後の最後に、他の動物に比べて腕力も脚力も胃袋の消化能力も劣っているのに、大脳皮質だけを目いっぱい発達させた我々人類を地球上に出現させてくれました。

人類が生まれたのが偶然なのか必然の結果なのかはよく分かりませんが、なんて素晴らしいことをしてくれたことか、地球さんありがとう。

しかし、この人類が地球に恩返しできるのか、それこそ鬼っ子となって諸先輩に恩を仇《あだ》で返すのか、それを考えていくのが本書の主要なテーマです。

2　人類の出現と文明の進展

ここでは民主主義およびその基になる人権思想がどのように生まれたのかという視点を中心に、人類の歴史を概観してみます。

(1) 人類の出現から紀元後4世紀頃までの世界の歴史

約20万年前にアフリカに生まれた人類（ホモ・サピエンス）は、1万年前くらいになると南極大陸を除くすべての大陸に分布し、牧畜そして農耕の痕跡が各地に見られるようになりました。

5000年前、すなわち紀元前（BC）3000年頃には、アフリカのナイル河流域、西アジアのチグリス川・ユーフラテス川沿い、インドのインダス河口、中国の黄河および長江の流域に多くの人々が集積するようになりました（図2-1）。

これらはいずれも大河の流域にあって、毎年の氾濫がもたらす肥沃な土壌により安定した食糧が確保できることを背景に、集落から都市へ、更に外敵から身を守るための方策を整えた国家へと発達していきました。

それぞれ特徴のある文明を発達させましたが、ナイル河畔のエジプト文明はＢＣ３０００年には王朝を成立させ、砂漠の中のピラミッド、スフィンクス、そして王族のミイラなど保存状態の良い文物が多数発見されています。

中でも１７９９年にロゼッタで掘り出された石碑（ロゼッタストーン）には古代エジプト文字（２種）とギリシャ文字とが刻まれており、当時の歴史を読み解くのに役立ちました。

王朝は長く続きましたが、ペルシャの支配下となり（ＢＣ３４１）、その後のプトレマイオス朝もローマ帝国領となりました（ＢＣ３０）。

現在のイランから地中海に至るオリエント地域には様々な国と民族とが勃興し、青銅器から鉄器へ、文字の発明から法律の作成へと文明を発達させていきました。

その中でも現在のイランに興ったペルシア（アケメネス朝）は、オリエント諸国からエジプトまでを統一して帝国を出現させました（ＢＣ５２５）。

その頃ヨーロッパ大陸の東南に位置するバルカン半島では、先進オリエントの文明を取り入れながらアテネやスパルタなどの都市国家が発展しつつありました。強大な帝国の出現は、東方に暗雲が立ち昇るように感じられたことでしょうが、ギリシャ都市国家に底力があったのか数次にわたる戦争（ＢＣ５００～４７９）に勝利し、ペルシア軍の西進は断念されました。

この時のギリシャ人の喜びはいかばかりか、国が出来た頃から軍事的にも経済的にも文化的にも常に圧迫を感じてきたオリエントに勝利し、暗雲を消し去るような高揚感に満たされたのではないでしょうか。

軍事力、商業・貿易、農業や鉱業、奴隷制下の政治等、国の基幹的な構造もさることながら、美術、建築、演劇、文学、哲学や歴史、天文学や医学、そして民主主義の芽生えまで、現代文明の原形を形成したことは歴史の示す通りですが、中でも戦争を疑似化して槍《やり》投げやレスリングを見せる競技（スポーツ）にまで発展させたことは、さすがギリシャ人と褒めなければなりません。

アレクサンドロス大王（在位ＢＣ３３６～３２３）の大遠征の後、更に西のイタリア半島にローマ共和国が現れ、やがて強大な帝国（ＢＣ２７～ＡＤ３９５）を築きました。この間、帝国内にキリスト教の影響が次第に強まるとともに、未開のヨーロッパ全域にローマの文明を広めました。強大な帝国も３世紀に入ると次第に治世が乱れ、東西に分裂（３９５）後西ローマ帝国は滅びました（４７６）。

オリエントから始まった文明は、ギリシャ、ローマそしてヨーロッパ全域へと広がり、この地域は古代から中世へと移ります。

黄河流域では、伝説的な夏《か》王朝から殷《いん》、そして周を経て、中国全域を巻き込んだ戦乱の春秋・戦国時代に入ります。

この間、孔子（ＢＣ５５１～４７９）や孟子《もうし》（ＢＣ３７２～２８９）等の思想家が現れ、人の生き方や戦略戦術など、東洋の思想に深く影響を与えてきましたが、ギリシャのような人権や民主制への論考はほとんどありませんでした。

この混乱の中、秦王「政《せい》」（BC259～210）は、華北から華南に至る全中国を統一し、始皇帝（BC221～210）と名乗りました。

しかし、強力な中央集権制を敷《し》いた秦《しん》は間もなく滅び、平民出身の劉邦《りゅうほう》が統一して漢（BC202～AD8前漢、25～220後漢）を興し、前漢・後漢合わせて約400年に及ぶ王朝を継承し、この間、紙の製法を確立しました。

3世紀前半に後漢が衰微すると、魏《ぎ》、蜀《しょく》、呉《ご》の三国時代（220～265）となり、これ以降6世紀後半まで漢民族以外の異民族も含めて、晋《しん》（西晋265～316、東晋317～420）、五胡《ご》十六国（304～439）、南朝（宋《そう》）（420～589）、齊《せい》（479～北朝〈北魏〉439～581）の長期間の分裂時代となりました。

この時代、中国の周辺諸国は東から、日本では縄文時代を経てBC3世紀頃から稲作技術が導入されて弥生時代となり、AD3世紀には日本の女王卑弥呼《ひみこ》と三国時代の魏との交流が知られています。

朝鮮半島は、古代から朝鮮族のほか漢民族や北方満州系の民族にしばしば侵襲を受けてきました。古代箕氏《きし》朝鮮の後を受けた衛氏《えいし》朝鮮下に漢（前漢）の出先である楽浪郡《らくろうぐん》が設置され（BC108）、その頃半島北部から満州南東部にかけて高句麗《こうくり》が成立、AD4世紀には漢の出先機関であった楽浪郡を占拠するなど、7世紀までの長期間、主に半島北部を支配しました。半島南部では4世紀には百済《くだら》、新羅《しらぎ》、任那《みまな》が興り、7世紀後半には新羅が半島全体をほぼ統一しました。

中国本土から見て北方または西方の外敵を、狄《てき》（白狄《はくてき》、赤狄《せきてき》等）または戎《じゅう》（山戎《さんじゅう》、西戎《せいじゅう》等）と称していましたが、BC300年頃から匈奴《きょうど》そして月氏《げっし》として姿を現し、更に様々な異民族が漢文化の周辺部に現れ、干渉し合っていました。

黄河や長江流域の豊かな稲作地帯に比べて天候の影響を大きく受ける北方・西方の遊牧民が中国中央部へしばしば侵攻する構図は、近世に至るまで大きくは変わりませんでした。そしてこの侵攻を防ぐために始皇帝が創始した長城は歴代王朝に受け継がれましたが、その効果や役割は時代と共に変遷しました。

インダス河口に発した文明は、BC2000年頃より中央アジア高原部から侵入したアーリア人に取って代わられ、インド亜大陸の北西から東側のガンジス川流域に至り、更に南へと広がって、やがてバラモン教（更にヒンドゥー教へと発展）の成立とともにカースト制が敷かれ、現在に至るまで良くも悪くも深く影響し続けています。

様々な王国が勃興する中、釈迦の生誕（BC566頃）後、仏教が興りアジア全域に影響を与え続けてきました。

この地は北にヒマラヤ山脈、東にガンジス川、西にインダス川が位置し、南の三方はベンガル湾、インド洋、アラビア海に囲まれて他民族からの侵襲を受けにくく、諸王朝の抗争はあるものの独自の宗教と文化とを温存してきました。16世紀に北インドにムガール帝国によるイスラム化が進み、更に東インド会社設立（１６００）以降イギリスの植民地化が進行するまで、世界史的な外部との交流は多くはありませんでした。

（2）5世紀から18世紀頃までの東洋の歴史

ユーラシア大陸の東と西、すなわち東洋（アジア）と西洋（ヨーロッパ）とは、シルクロードを通じて細々と、また時に民族の移動等で断片的に接触はありましたが、大きく影響し合うことはなく、18世紀まではそれぞれ独自の政治体制と文化とを作り上げてきました。

そして文化水準や生産性のレベルで大差ない両者ではありますが、東洋では人権意識が育たず封建的階層社会のまま近代を迎えたのに対して、他方の西洋では18世紀以降次第に人権意識が芽生え人々の間に浸透し、時に革命という激変を経て民主化を実現していった点が大きく異なります。

まず中国大陸では、長期間の分裂時代を経て隋《ずい》（５８１～６１８）が統一し、様々な制度改革を行ったものの短命に終わり、むしろ次の唐（６１８～９０７）に移ってから税制（租庸調）、土地制（均田制）、徴兵制（府兵制）を強化していきました。これらを支える行政職に官吏登用試験（科挙制）を整備して安定した強大な国家を形成し、周辺諸国に多大な影響を与え、また火薬もこの時代に発明されたといわれています。

唐が衰えると五代十国（９０７～９６０）の分裂後、宋（９６０～１１２６）が統一しました。この頃羅針盤が発明され、思想、美術、文学等にも画然たる足跡を残しました。

秦から宋までは、一つの政権が中国全土を統一しては、内部崩壊と農民層からの支持を受けた新勢力とによって次の政権に移っていきましたが、北方または西方からの異民族の侵襲に脅かされながらも、主に漢民族による統一を果たしてきました。

しかし、宋は南北に分かれた後、北宋は北方ツングース系の女真人から成る金（１１１５～１２３４）に滅ぼされ、漢民族以外の異民族の支配が始まりました。

古代から中国は東アジアの文化の中心となり、政治体制、思想、宗教（仏教はインド発祥）、美術、文学等、朝鮮半島や日本、東南アジアに文化的な、時に侵略的な影響を与え続けてきました。

次に西方から興ったモンゴル族（チンギスハン〈太祖〉）は、日本海から地中海に及ぶ大帝国を築き、その中国部分を孫のフビライ（世祖）が国号を元《げん》として治め、本格的な異民族の統治下となりました（１２７１～１３６８）。対外侵略は活発に行われましたが（日本　１２７４、

１２８１、ベトナム　１２８８等）、必ずしも効せず農民の反乱（紅巾の乱　１３５１）等で衰退していきました。

この乱の首領であった朱元璋《しゅげんしょう》が明《みん》（１３６８〜１６６２）を興して漢民族の政権になると、鄭和《ていわ》によるアフリカ到達が果たされ、農学や文書編纂《へんさん》等、実用的な漢文化を成熟させました。やがて北方の女真族による清（１６１６〜１９１２）が成立、漢民族も登用して強大な帝国を築くとともに、近世から近代にかけての東西文明の濃厚な接触の時代を迎えることになります。

中国の周辺を東から見ていくと、日本では４世紀に入ると各地に大きな古墳が造られ、４世紀後半には東北以北を除く統一政権（大和朝廷）が成立しました。更に大きな古墳を造るわ、朝鮮半島に出兵するわと、なかなか元気のいい国だったようです（古墳時代）。

やがて飛鳥に都を移しますが（飛鳥時代　５８７〜７０１）、聖徳太子（厩戸皇子《うまやどのみこ》）による官位十二階（６０４）や十七条憲法の制定（６０４）、中大兄皇子《なかのおおえのおうじ》らによる大化の改新（６４６　律令制等）、対外的には仏教の導入（６世紀）、中国本土（遣隋使　６０７、遣唐使　６３０）および朝鮮半島（白村江《はくすきのえ》の戦い）との関係等々、国家の体制を整えるために必死な上に内紛もあって（壬申《じんしん》の乱　６７２）忙しい時代でした。

元明天皇の代に平城京（奈良市）に恒久的な首都を建設し（奈良時代　７１０）、大陸の唐政権に倣って天皇を中心とする国家体制を整え、律令制のもとに墾田永年私財法（743）を制定して農地の私有を認め、荘園制への道を開きました。仏教文化も花開きましたが（東大寺752大仏開眼会）、万葉仮名の発明と万葉集の編纂はこの時代を特徴付けています。

桓武《かんむ》天皇は平安京（京都市）に都を移し（平安時代 794〜1185）、エミシ対策等政策を進めましたがその死後内紛もあって次第に藤原一族の勢力が強まりました。唐の衰退もあって遣唐使を廃止し、対外的交流も少なくなり東北地方への勢力の拡大は進めましたが（坂上《さかのうえの》田村麻呂《たむらまろ》 801）大きな変革もなく、朝廷内貴族の権力争いはあるものの平和な時代でもありました。そのため女流作家の活躍（紫式部、清少納言等）や日本独特の庭園を含む美術等に優れた作品が生まれました。

天皇を頂点としながらも、実質的にはその臣下である藤原一族が実権を握っていましたが、やがてその貴族の配下である武士が、武力という実力をもって政権を狙うようになり、平安末期の混乱を経て源頼朝による武士政権が鎌倉の地に誕生しました（鎌倉時代 1185〜1333 諸説あり）。

これ以降、武士による政権が19世紀まで続きますが、天皇家を滅ぼすこともなく京都に居を構え（御所）、実力の政権に対して象徴的に、また官位授与の権威として連綿と代を重ねて現在に至っています。

頼朝の死後、その妻政子の実家に当たる北条氏が鎌倉幕府を継承し、中国を支配した元が朝鮮半島の高麗軍を率いて二度にわたって遠征（文永の役《えき》１２７４、弘安《こうあん》の役１２８１）したのに対して、天候の影響もあってこれを撃退しました。これを契機に政権は徐々に衰退し、天皇家（後醍醐《ごだいご》天皇）の関与もあって鎌倉幕府は滅びました。

この時代、仏像等の秀作が残されましたが、民衆を対象とした仏教宗派も興りました（法然《ほうねん》の浄土宗、親鸞《しんらん》の浄土真宗、日蓮《にちれん》の法華《ほっけ》宗）。

その後も建武の新政（１３３４～３６）、南北朝時代（１３３６～９２）と混迷の中、ようやく南北が統一され、京都室町に足利氏が政権を樹立しました（室町時代１３９２～１５７３）。

しかし、各地に広大な領地を持つ守護大名たちが活躍する室町幕府は基本的に安定性を欠き、将軍の跡継ぎを巡って京都を発端に戦乱が発生（応仁の乱１４６７～７７）、更に北海道を除く全国隅々で、戦国大名は武力と知力の限りを尽くし戦闘を繰り広げました（戦国時代１４６７～１５９０諸説あり）。合従連衡《がっしょうれんこう》、権謀術数、裏切り、下剋上《げこくじょう》、何でもありの実力第一主義の時代への幕開けとなりました。

室町時代から続く商工業や農業の発展、ポルトガル（鉄砲伝来１５４３）やスペイン（ザビエルのキリスト教伝来１５４９）との接触も、近世化へと時代を進めました。

やがて織田信長の上洛《じょうらく》（１５６８）、豊臣秀吉の天下統一（１５９０）を経て、徳川家康は江戸に幕府を開き、幕藩体制と鎖国、士農工商の身分制とによって長期安定政権を確立しました（江戸時代１６０３～１８６８）。

江戸時代の約２６０年の間、農村の隅々に至るまで秩序の徹底と新田の開発、寺子屋等の非識字率の低下、富の蓄積による市民階級の形成等が、近代化への比較的スムーズな移行を可能にしたのでしょう。日本独特の文化もこの時代に培われ、特に歌舞伎（芝居）、落語、相撲等の大衆芸能は今でも続いています。

やがて諸外国、特にアメリカのペリー率いる艦隊に開国を迫られ、憂国の若者たちの活躍もあって、最小限の混乱で徳川政権から天皇を頂点とする明治政権へと移行しました（１８６８）。


高句麗、新羅、百済、任那（伽耶《かや》）が乱立する朝鮮半島でしたが、７世紀後半には唐の半島からの撤退もあって、新羅が統一しました（６７６）。

９世紀末には、唐の衰退に伴って半島も動乱期に入り、その豪族の一人である王建が高麗を興し（９１８）、新羅を倒して半島を制圧しました（９３６）。その後、土地制度を整え貴族支配の中世社会を形成しましたが、北方からの侵略に常に悩まされ、元の成立によって日本遠征に遣わされました。

１３６８年、大陸では明代となり、高麗の武人として頭角を現した李成桂《りせいけい》が政権を握り、李氏朝鮮（国）を成立させました（１３９２）。漢城府（現在のソウル）を都とし戸籍等を整え、大国・明とも対立を回避しながら次第に官僚制中央集権国家へと国力を充実させていきました。漢文化からの独立を目指してハングル文字を考案し（1443 諸説あり）、日本の豊臣政権からの侵攻も退け（1592〜96）、北方満州族の清政権からの圧力にも耐え、18〜19世紀の欧米列強からの接触には鎖国政策を堅持して、近世から近代社会へ直面することになります。

中国本土の北方から西方にかけては、匈奴の後、鮮卑、柔然等の遊牧民族が後漢末期から6世紀末までの混乱に乗じて侵略を繰り返してきました。6世紀後半に中央アジアにトルコ系突《とっ》厥《けつ》が勃興しましたが、中国も隋に統一してこれに対抗し、更に唐政権になって滅ぼされました。その頃、西方のチベット地域に吐蕃《とばん》（仏教系ラマ教を創始）が、北方にはトルコ系のウイグルが、東北部には渤海《ぼっかい》が興り、唐帝国と接触していました。

唐が衰退し本土が分裂している頃、北方にモンゴル系契丹《きったん》が建国しました（後に遼《りょう》）。本土が宋に統一されると、北東から北に遼、北西に西夏、西に吐蕃となりますが、遼は満州系女真人（国名を金）に滅ぼされ（1125）、本土は北に金、南に宋（南宋）となりました。

やがて蒙古《もうこ》系チンギス汗《ハン》は中央アジアから東ヨーロッパに及ぶ広大な地域を支配し、その死後その親族が各地に汗国を興しました。そのうちのチャガタイ汗国の地にティムールが、サマルカンドを首都に東南はインドと、西はオスマントルコと接するティムール帝国を興しました（1370）。

これは１５００年、ウズベク人に滅ぼされ、インドに近い地方はティムールの子孫のバーブルがムガル帝国とし（１５２６）、北インドから現パキスタンにかけて支配しました。やがて１６００年にイギリスが、その後オランダ、フランスが相次いで東インド会社を設立し、東洋と西洋の接触、というか侵略が始まりました。

中国本土の北方は元の滅亡後、明代では蒙古系のタタール（韃靼《だったん》）が、清代にはやはり蒙古系のジュンガルが支配していましたが、17世紀にはロシアの東方進出が活発となり、北方民族の中国内部への侵入は途絶えてきました。

インド亜大陸は世界史的な影響を受けにくい位置関係にあり、ヒンドゥー教が４世紀頃成立すると、王朝が変遷しても階級的で封建的な社会体制（カースト制）は変わらず、外部から干渉の少ない歴史を辿《たど》ってきました。16世紀に中央アジア系イスラム教のムガル帝国が、インド亜大陸の西北から中央部まで支配しましたが、イスラム教の浸透は現パキスタンと東側のバングラデシュに留まりました。17世紀に入るとヨーロッパ列強の侵略、特に英仏相互の抗争が激しくなり、やがてイギリスの支配が強まって19世紀の近代社会へと入っていきました。

さてそのイスラム教は、アラビア半島のメッカにおいてムハンマド（マホメット）により創始され（６１０頃）、幾多の迫害を信仰心と軍事力そして政治権力とが一体となってこれを跳ね除け、アラビア半島全域から中近東、西アジアから中央アジア、更に北アフリカへと急速に支配域を広げていきました。

８世紀に入ると、イスラム勢力はヨーロッパ大陸の西端ではフランク王国と、東端からアナトリア（小アジア）にかけては東ローマ帝国とそれぞれ係争を繰り返し、更にインドの王朝や、唐と接する地域にまでイスラム圏としました。

古代から続くササン朝ペルシャがイスラム教サラセン軍に敗れてから（６４２）長くサラセン帝国の一部であった西アジアは、11世紀にはスンニ派セルジュクトルコに攻められ、13世紀にはモンゴル軍に、そしてその後継のティムール帝国の支配下に入りました。

モンゴル軍に押されて小アジアに移っていたトルコ族は、オスマンベイを始祖として興り（オスマントルコ　１２９９）、ティムール軍に圧迫されながらもトルコ帝国を再興しました（１４０５）。難攻不落のコンスタンチノープルを落として東ローマ帝国を滅ぼし（１４５３）、更に黒海西岸からバルカン半島、アラビア半島から北アフリカに支配地域を広げていきました。

ティムール帝国が滅びると（１５００）、イランの地はイスラム教シーア派のサファヴィー朝となり、17世紀以降はヨーロッパ列強の干渉、特に南下政策をとるロシアとの抗争も強まり（１７２２）、19世紀の近代社会に直面することになりました。

（3）5世紀から18世紀頃までの西洋の歴史

フン族（匈奴）の西進が刺激となったといわれるゲルマン民族の大移動は、4世紀後半に黒海沿岸からヨーロッパ全域へと広がり、結果として西ローマ帝国は滅びました（476 図2）。しかし帝国の存在と民族移動とは、その後のヨーロッパ全体の社会形成に広く長く影響を及ぼし続け、また帝国の国教としたキリスト教は大きく深く浸透していきました。

ゲルマン諸族が勃興を繰り返す中、5世紀後半以降ローマカトリックの協力も得てフランク王国が成立し（486）、その後大陸の大部分を占めるようになりました。それと同時に次第にキリスト教の布教も大陸全域に及び、ローマ教皇の影響が強まる中で、長い中世封建制の時代に入っていきました。

強大なフランク王国は、やがて西フランク王国、中フランク王国、東フランク王国に分裂し、後のフランス、イタリア、ドイツの基となりました（843）。

一方、西端のグレートブリテン島では、9世紀にゲルマン族の一派であるアングロサクソン人の王家が統一、その後デーン人、ノルマン人の侵攻を受けながら大陸とは独立して王制を維持し、マグナ・カルタ（大憲章 1215）を制定して、いち早く王権に対して一定の制約を加えることになりました。これは民主制への萌芽《ほうが》と見ることができます。

大陸では10世紀後半、東フランク王国がオットー大帝の下、神聖ローマ帝国として成立させ、

11世紀には聖地エルサレムをイスラム支配から奪還すべく十字軍が結成され、全キリスト教圏対全イスラム教圏との対立が長く続くことになりました。

中フランクのイタリア半島は、中部の教皇領と南部の諸王国が勃興していましたが、神聖ローマ帝国の支配下にあった北部では、14世紀に入るとメディチ家の経済的保護もあって芸術や文学が盛んになり、科学や合理的思想等、今までの教会的考えに囚《とら》われない文化すなわちルネサンスが興り、やがてヨーロッパ各地へと広まっていきました。

その後、イタリア半島の教皇領は維持されたものの、他は小国に分裂しながら近代へと向かいました。

長くイスラム支配が続いていたイベリア半島では徐々にキリスト教圏が拡大し、周囲の支援を受けてポルトガルが独立（１１４３）、更には他のキリスト教国を統合してイスパニア王国が成立（１４７９）してイスラム支配を排除しました。

イスパニアから出発したコロンブスの一隊がバハマ諸島に上陸し（１４９２）、アメリカ大陸に到達しました。次にマゼランの一行は大西洋を横断し南米南端から太平洋に出てフィリピンに至り、そこでマゼランは地元民との戦闘で死亡しました。残った乗組員は南アジア諸島からインド洋を経て、アフリカ南端の喜望峰を経由してポルトガルに帰還し（１５２２）、まさに地球が丸くて有限であることを立証しました。それでも地球の大きさは運動会の大玉（ころがし）のように感じられたことでしょう。

その後、ヨーロッパ以外の支配地域をイスパニアとポルトガルとで分割するほどの勢いで植民地化を進め、中米・南米の古代文明を滅ぼしてしまいました。さらにその後イギリス、フランス、オランダそしてドイツ等ヨーロッパ諸国はアフリカ、南北アメリカ、オーストラリア、アジアの各大陸に進出というか侵略を進めて、200年もしないうちに地球をサッカーボールくらいに小さくしました。

ローマ時代から続いてきた東ローマ帝国（ビザンツ帝国）は、アナトリアに勢力を広げてきたオスマントルコに滅ぼされ（1453）、首都の名をコンスタンティノープルからイスタンブールに変えました。

英仏間の100年戦争（1337~1453）、イギリス王位継承に関わる薔薇戦争（1455~85）を経て、中世封建諸侯の没落と近世絶対王政への移行が徐々に進行していきました。更にローマ教皇の贖宥状《しょくゆう》への批判から、ルターは「95カ条の論題」を発表（1517）、これ以降ヨーロッパ全土に宗教改革の波が広がり、イングランド王国では同国国教会を興しました（1534）。

15~16世紀にかけて政治、文化、宗教の各面で封建制の瓦解が見られてきましたが、概して中世ヨーロッパ社会は、イスラム圏との抗争を除けば国家間の大きな戦争は少なく、支配層からの徴税や権利の制限も比較的に緩い（国家体制が緩い）ものでした。王室や貴族以外の人々は黒死病（ペスト）やその他の疫病に悩まされながらも、人口も希薄で社会階層も安定した中、自然の草原や森林が身近にあって、食糧などは貧しいながらも、牧歌的で穏やかに人生を送っていたのではないでしょうか。

しかし、17世紀に入るとヨーロッパは次第に騒がしくなってきました。

ローマカトリックの呪縛からいち早く解き放たれたイングランドは、1588年にイスパニアの無敵艦隊を破り、長くイスパニアとポルトガルとに支配されていた大西洋やその他の制海権を奪取していきました。そして1600年には東インド会社を設立し、独立して間もないオランダと競ってアジア侵出への拠点としました。

英国国教会と意を異にするピューリタン（イギリス清教徒）は、ピルグリム・ファーザーズとしてアメリカ大陸に上陸し（1620）、植民の基礎を築きました。

しかしながら、国内ではエリザベス1世（1558～1603）の治世後、権利の請願（1628）に始まり、ピューリタン革命（1642～49）に続くクロムウェルの活躍という暴走の後、審査律（1673）、権利の章典（1689）を経て、ウォルポールの責任内閣制（1721）が成立して、ようやく落ち着きを見せました。イギリスにして議会制民主主義に辿り着くのに、なんと長い歳月と多大な犠牲を払ったことでしょう。

そしてスコットランド、アイルランドを含めた大英帝国（グレートブリテンおよびアイルランド連合王国）を発足させて、国旗を現在のユニオンジャックとするに至りました（1801）。

この間、北ヨーロッパではノルウェー、スウェーデン、デンマークの各王国が力を付け、東ではポーランド、ハンガリー王国が独立を果たし、中でもモスクワ公国から台頭したロシア帝国はシベリア方面にも侵出し、ピョートル２世の命を受けたベーリングが太平洋岸に達し、更に海峡を渡ってアメリカ大陸（アラスカ）に到達しました（１７４１）。

宗教改革を基に全ヨーロッパを巻き込んだ30年戦争の終結にウェストファリア条約が締結され（１６４８）、これによって国境の確認や内政不干渉等、国家としての位置付けを明確にして近代化への一歩を進めました。それとともに神聖ローマ帝国の衰退は更に進行し、18世紀に入るとイスパニア継承戦争（１７０１〜１４）、ポーランド継承戦争（１７３３〜３５）、オーストリア継承戦争（１７４０〜４８）、七年戦争（１７５６〜６３）と戦乱が続き、植民地化が進行中のアジア、アメリカ、アフリカ各大陸でも、権益を巡る各国の対立から戦争が頻発していきました。

一方で17世紀に入ると、天文学、哲学、政治、経済、思想について様々な考えが発表され、また啓蒙普及が進められ、一般市民の自由や権利についての関心を深めることとなりました。

この思想の展開と同時に、イギリスを先頭に植民地からの繊維原料の流入と相まって蒸気機関の発明（１７６５）等により産業革命が進行し、今まで人力以外は畜力、水車、風車、帆船くらいだったエネルギーの元を、地下に眠っていた石炭や石油が利用できるようになったため、人々の生活と思想に時代を画する変化がもたらされました。

イギリス本国との戦争に打ち勝ったアメリカは合衆国として独立し（１７７６）、その宣言文にはジョン・ロック（１６３２～１７０４）らの考えが色濃く反映され、「すべての人は平等で、神によって譲ることのできない権利が与えられている。その中には生命、自由、そして幸福の追求が含まれる」とする人権思想が示されました。

ヨーロッパ大陸の中核を占めるフランスは、16世紀後半からいくつかの宗教戦争の後に次第に絶対王政を強め、30年戦争の終結（１６４８　ルイ14世　太陽王）を経て最強国となっていきました。

しかしその後、度重なる欧州内と植民地での戦争や、貴族を含む宮廷内の浪費ともとれる出費で財政はひっ迫、一方、市民社会では商工業や金融業での蓄財や、百科全書編纂（１７５１～７２）等、知識教養を深めていく一般市民も現れてきました。また、イギリスの民主化および産業革命の進行、更にアメリカの独立宣言など、周囲の国の状況も穏やかではありません。苦し紛れの三部会招集も役に立たず、国民の不満は過激化し、バスチーユ監獄への襲撃や人権宣言（１８７９）を突破口に第一共和制（１７９２）を樹立、その後も混乱は続き、ギヨタン先生の発明といわれるギロチン台の処刑が相継ぎました。ルイ16世、その妃マリー・アントワネットや革命の指導者ダントンまでもこの露と消えました。こんな革命の最中に国旗（トリコロール）を制定し（１７９４）今に至っています。

周囲外国の干渉も激しく、特にマリー妃の母国オーストリアは妃の救出のために、またイギリスは革命の暴発を防ぐために、対フランス戦を画策しましたが、これを撥《は》ね除《の》けたのが若き革命軍兵士ナポレオンでした。革命で疲弊したフランスにエジプト遠征から帰国したナポレオンは、総統政府をクーデターで倒し（1799）、圧倒的な国民の支持のもとに皇帝になりました（第一帝政 1804）。

その後も皇帝の隆盛は続き、ヨーロッパ大陸のほぼ全域を影響下に置き、残るは東のロシアと西のイギリスだけとなりますが、まずロシア遠征（1812）で躓《つまず》き、ワーテルローの戦い（1815）で英連合軍に決定的に敗れました。

国王時代から革命を経て皇帝時代に戻ったようですが、独裁権は強化されたものの法の下の平等、私有権の認定、契約の自由など、革命前の王政より人権思想が一段と進められました。

（4）1814年頃から1945年頃までの世界の歴史

フランス革命からナポレオン皇帝の退位までの一連の騒動の後、世界はどうなっていったのでしょうか。

まずヨーロッパでは、ウィーン列国会議（1814～15）が開催され、その内容は大まかにいえば革命前の体制に戻すということでしたが、実際は必ずしもそうとはならず、各国とも市民革命や独立運動が起こってきました。

東のロシア帝国は、バルト海からベーリング海峡を越えて北アメリカ大陸に及ぶ大帝国となり、ポーランドやトルコ帝国への圧迫を強めていきました。特に冬期の不凍港を求めてバルカン半島やクリミア半島への侵出で各国と衝突し、財政の逼迫もあってアラスカをアメリカに売却しました（１８６７）。その一方で、東洋では清との間で沿海州の領有を果たし（１８６０）、更に清の衰退を見ながら朝鮮半島への影響を強めた結果、急速に近代化を進めてきた日本と衝突して日露戦争（１９０４~０５）に敗れました。

ロシア国内では過酷な農奴制の下に広大な農地を経営してきましたが、西欧からの影響もあって農奴解放を宣言（１８６１）したものの地主階級の支配は続き、レーニン等による左翼政党も活発化して日露戦争の最中「血の日曜日」事件が発生します（１９０５）。更に第１次世界大戦中に「2月革命」が起こり、これにより皇帝ニコライ2世は退位してソヴィエト政府が成立しました（１９１７）。

混乱の中、国名を共産党支配の「ソヴィエト社会主義共和国連邦」（ソ連　１９２２）とし、スターリン独裁（１９２９）の後、独ソ不可侵条約を締結します（１９３９＝第2次世界大戦開始）。しかし、その2年後にドイツ軍の侵攻を受け英米仏に次いで開戦し（１９４１）、東方では日本との中立条約を破棄して満州国に侵攻、その１週間後に終戦を迎えました（１９４５）。

ウィーン体制後の旧神聖ローマ帝国内では、宰相メッテルニヒ率いるオーストリア帝国と軍国化を進めるプロイセン王国とが2大勢力として経済力と軍事力とを増強するとともに、芸術や思想、科学などの文化面でも先進英仏に伍《ご》してヨーロッパ大陸に浮上してきました。ウィーンとベルリンとで3月革命が起きましたが（１８４８）帝政は維持され、この間プロイセンのマルクスは『共産党宣言』（１８４８）および『資本論』（１８６７〜９４）を相次いで著し、自国よりむしろソ連など世界に影響を与え続けました。

プロイセンではウィルヘルム1世の下、ビスマルクが首相に就くと（１８６２）更に強国化を進め、対オーストリア（１８６６）、対フランス（１８７０〜７１）と戦い、やがて周辺君主国や自由市を合わせてドイツ帝国を建国しました（１８７１）。更にアフリカ、太平洋諸島、アジアにも侵出して植民地経営に参画していきました。この後の第1次（１９１４〜１８）、第2次（１９３９〜４５）の二つの世界大戦は、共にドイツが元凶とされています。

だからといってドイツだけが悪いわけではありませんが、英仏に比べて近代化そして植民地経営に後れを取ったドイツが必死に国力をつけ、追い着こうとした一面もあったのでしょうか。それにしてもヒトラーの大量虐殺は、この時代の忌まわしい汚点として後世に記憶されるべきでしょう。

イギリスは世界の制海権を握り、アメリカは独立しましたが、カナダ、オーストラリア、ニュージーランドは植民地または自治領として、その他にもアジア、アフリカ、中近東に多くの植民地を擁していました。18世紀前半には責任内閣制を確立して産業革命を切り開き、経済的にも軍事的にも、政治体制や文化思想の面でも世界の最強国として、ヴィクトリア女王（象徴的）の下、19世紀を駆け抜けていきました。

欧州大陸各国が同盟や条約を結ぶ中、栄光の孤立を守ってきたイギリスですが、近代化へと歩き始めたばかりの日本と、日露戦争の前に初めて同盟を結びました（１９０２）。二つの世界大戦後、世界最強の座は共に戦ったアメリカに譲ったものの、影響力は衰えていませんし、フランスと共に民主主義を先導し続けてきました。

そのアメリカは東部13州で独立を果たした後（１７７６）、先住民を圧迫しながら西へ西へと開拓を進め、カリフォルニアで金鉱を発見（１８４８）、南北戦争（１８６１〜６５）後はアラスカをロシアから買収し（１８６７）その地で金鉱が発見される（１８９６）などツイてる国ではあります。モンロー教書（１８２３）で相互不干渉を宣言しながらも、対イスパニア戦争（１８９８）後、太平洋（フィリピン領有、グアム、ハワイの併合）、そしてその対岸のアジアへの関心をも深めていきました。

初め不介入の姿勢だった第１次世界大戦にも参戦勝利し、石炭、石油、鉄鋼、電力、造船、自動車、電信そして航空機まで、経済力・技術力に次いで軍事力をも強め、大恐慌（1929）も乗り越えて世界最強国へと突き進んでいたそのアメリカに、真珠湾への奇襲で開戦を仕掛けた（1941）のは近代化もなお道半ばの日本でした。結果は明らかですね。

メキシコ以南の中南米は16世紀以降、長くイスパニアとポルトガルとの支配下にありましたが、19世紀の前半に多くは独立しました。その頃、先に開通したスエズ運河（1869）に続いてパナマ運河も開通し（1914）、大西洋と太平洋との行き来が楽になりました。

アフリカ大陸は、イスラム支配の北アフリカおよび大航海以降の寄港地や奴隷貿易の輸出港としての沿岸部以外は世界史上に登場してきませんでしたが、パーク（1805）、リビングストン（1840～）、スタンリー（1871～）など内陸部への探検後、金やダイヤモンドなどへの資源的関心が高まり、20世紀前半にはエチオピアとリベリア（アメリカの保護国）とを除くすべてを、イギリス、フランス、イタリア、ベルギー、ドイツ、ポルトガル、スペインの西欧列強に分割されてしまいました（1912）。

アジアでは東から見ていくと、日本の徳川幕府および朝鮮半島の李氏朝鮮（国）が、共に欧米列強の干渉を避けてきましたが、前者では鎖国制を解いて天皇を頂点とする立憲君主制の明治政府を樹立（1868）、先進国の諸制度、文化、技術を取り入れ、富国強兵殖産興業の方向に舵《かじ》を切ったのに対して、後者は旧体制を維持する中、諸外国の干渉が強まり、日清戦争（1894〜95）後「大韓帝国」と国名を変更、日露戦争（1904〜05）に勝利した日本により併合（1910）されました。

日本はその後、経済不況もあって軍部の政治支配が強まり大陸への進出を進め、これが米英との軋轢《あつれき》を深めていきます。そして独裁的・国家主義的でかつ米英と対立する点で一致するドイツ、イタリアと結んで（三国防共協定 1937、三国軍事同盟 1940）第2次世界大戦へと突入しました。その結果、広島・長崎の原爆投下を経て無条件降伏となりました（1945）。

権勢を誇っていた清帝国も、乾隆《けんりゅう》帝末期（1790以降）には腐敗が広がり、交易を迫ってきたイギリスに対して守勢となり、やがてアヘン戦争（1840〜42）、アロー戦争（1856〜60）で後退し、英仏のほかドイツ、ロシア、アメリカも干渉に加わり、日本との戦争にも敗れ、辛亥《しんがい》革命（1911）により中華民国となりました（1912）。

その後も毛沢東の蜂起（1927）、日本の傀儡《かいらい》である満州国の建国（1932）を経て、対立する国民党と共産党とが日本に抗するために提携しても（第2次国共合作 1936）安定せず、第2次世界大戦では各国の諜報《ちょうほう》戦の場となり混乱が続きました。

南アジアの諸国では、フィリピンはスペイン領からアメリカ領に（1898）、ベトナム、ラオス、カンボジアはフランス領に（1887）、現インドネシアの大部分はオランダ領に（1904）、マレーシアからマラッカ海峡、更にミャンマー、バングラデシュ、インド、パキスタンに至る大部分をイギリス領に（1826〜58）それぞれ植民地化されてしまい、シャム（現タイ）、アフガニスタン、ペルシア（現イラン）、そしてブータン、ネパールもどうにか独立を保っているという状態でした。

西アジアから東ヨーロッパ、更に北アフリカに版図を広げていたオスマントルコは、18世紀以降、次第にロシアと西欧諸国とに攻められ、占領地の乱れやナポレオンのエジプト遠征（1798）により衰勢を強めました。第1次世界大戦（1914〜18）でドイツと共に敗れ、ロレンス（1888〜1935）の活躍もあって、アラビアの独立等でこの地域の地図を塗り替えました。

共和制トルコの初代大統領ムスタファ・ケマル・アタチュルク（1923〜38）は、政教分離や女性参政権などの近代化を進めましたが、他のイスラム圏は宗教と政治とが分離されないまま王政を堅守し、石油採掘が活発化する中で第2次世界大戦を迎えました。

この時代の最も大きな変革は、発明された動力機械の動力源に石炭・石油などの化石燃料が使用され始めたことでした。それまでは人力以外は畜力、木材等の火力、風力、河川等の水力くらいで、いずれも太陽の熱と光に由来するものでした。化石燃料も元を正せば太陽エネルギーの賜物ではありますが、これらを電力にも代えて、人類はこれまで自己の持っていた何万倍ものエネルギーを使えることになりました。

その他の知識も加わって食糧は飛躍的に増産され、地球上の人口は急速に増加しましたが、その増加の大部分は直接に食糧生産に関わらない人たちで、都市に集中していきました。人が人として互いに尊重し合い快く人生を送るにはどうしたらいいのか、牧歌的で封建的かつ宗教的体制だった前の時代には、一人ひとりが必ずしも深刻に考える必要もありませんでした。しかしこの時代は、民主主義、社会主義、共産主義、自由主義、資本主義等、様々な思想の実験の場となりました（実験というにはあまりに過酷な犠牲を伴いました）が、中でも基本的人権の思想に至ったのは、未《いま》だ全世界に必ずしも定着してはいませんが、人類社会のひとつの到達点ではないでしょうか。

産業革命の成果として船舶、航空、鉄道、自動車など交通手段の格段の発達と大洋を結ぶ二つの運河の完成とは、前の時代、サッカーボールくらいだった地球をソフトボールくらいに小さくしてくれました。そのお陰で別々の文化圏で発達してきた東洋と西洋、そしてその他の地域が、一方が支配的な一面もありますが濃密に接触して一体化が進み、いち早く西欧文明を取り入れた日本が東西の交流に大きく貢献しました、ちょっと行き過ぎた面もありましたが。

そして次の時代、更に地球の一体化が進むことになります。

(5) 1945年頃から2022年までの世界の歴史

イタリア(1943)に続いてドイツが1945年5月に降伏し事実上第二次世界大戦が終了し、6月には国際連合(国連UN)の憲章が50カ国で署名され、8月には日本も無条件で降伏しました(図4、5)。

1945年2月に行われたヤルタ会談(米、英、ソ連)通りドイツは直ちに東西に分割管理され、朝鮮半島も南北に分断され、これ以降、ソ連を中心とする東側と米英仏を中心とする西側とが対立を深めていくことになります。

中国では蔣介石《しょうかいせき》が率いる国民党と毛沢東の中国共産党との対立が更に深まりましたが、後者はほぼ中国全土を支配して中華人民共和国(中国)を成立させ(1949)、前者は台湾に逃れて中華民国を維持することになりました。

中国は毛沢東末期の文化大革命による混乱を経て、鄧小平《とうしょうへい》の実権(1977)の下に資本主義的経済政策に向かいましたが、習近平の出現(2012)により独裁体制を強め、台湾海峡、東シナ海、南シナ海に波風を立て続けています。武漢発ともいわれているコロナウイルスは（2019）世界に蔓延《まんえん》し、3年経ってようやく終息の兆しが見えてきました。

アメリカを中心とする西側諸国は、軍事同盟である北大西洋条約機構（1949 NATO＝12か国）を成立、西ドイツの加盟（1954）に対抗する形で、東側もソ連を主体にワルシャワ条約（1955、7か国）を結びました。

これにより、朝鮮半島の北側から台湾を除く中国、北ベトナム、ソ連、ルーマニア、ブルガリア、ユーゴスラビア、アルバニア、ハンガリー、チェコスロバキア、東ドイツ以北ないし以東が共産／社会主義陣営、それ以外の南側ないし西側が自由／資本主義陣営として対立が続き、主にヨーロッパのこの境界を「鉄のカーテン」と称しました（英 ウィンストン・チャーチル1946）。

この対立は朝鮮戦争（1950）、ベルリンの壁構築（1961）、アメリカによるキューバ封鎖（1962）、アメリカによるベトナム戦争への介入（1965）、ソ連によるアフガニスタン侵攻（1979）と続き、米ソとも疲弊し、特にソ連の経済状況は悪化して、ゴルバチョフの登場によりブッシュ（父）大統領との会談で冷戦終結を宣言しました（1989）。

その後、ソ連は経済状態が更に悪化してソヴィエト連邦を解体（国名ロシア連邦 1991）することとなり、独立国家共同体（CIS）の加盟国のひとつとして民主国家への道を歩み始めたかに見えましたが、そうとはいきませんでした。プーチンが首相から大統領に就くと（2000）、経済の悪化やチェチェンとの紛争は続きますが、石油やガスの資源輸出で次第に国力を立て直し、独裁的な政策を強めていきました。

ソ連崩壊を受けて東側諸国は混乱に巻き込まれ、特にユーゴスラビアの地域は宗教、民族、思想（民主化と社会主義維持）が絡み合い深刻な戦争状態に陥り、国連やNATOの介入により6共和国に分割されて（2006）一応の安定が維持されることになりました。

一方、西側ヨーロッパ諸国は欧州経済共同体（EEC 1957＝6か国）を発展させてヨーロッパ連合（EU 1993 初め8か国）を発足、更に共通通貨ユーロを発行（1999）して結束を強化し、これに対してノーベル平和賞（2012）を授与されたことは、世界の将来に対して高い見識が示されたようにも思われます。その後、イギリスが国民投票を経て離脱し（2020）、ヨーロッパの一体化も単純には進みません。

第2次世界大戦後の世界を概観すれば、ヨーロッパ列強や日本、アメリカ等の植民地支配から解かれたアジア、アフリカ大陸あるいは太平洋諸国が次々と独立し、そのための地域的な紛争や戦争が続発して、ソ連崩壊後の中央アジアから東ヨーロッパに大混乱が続きました。また、カンボジア（ポル・ポト政権 1976～79）やルワンダ（1994）の虐殺、4次にわたる中東戦争（1948～73）など、痛ましい混乱が起こりました。

今なお独裁的な政権を続けているアジアの国々、イスラエルを含むイスラム圏、国家としての統治機能が十分でないアフリカ諸国などが他国との関係において不安定な点もありますが、大きく見れば世界的な大混乱は避けてきた時代でもありました。

この比較的平穏な空気を打ち破ったのが、クリミア領有（２０１４）に続くプーチンロシアのウクライナ本土進攻でした（２０２２、２月）。第２次世界大戦後、敗戦国の日、独、伊の惨状と、戦勝国にもそれに劣らぬ犠牲を目の当たりにして、知恵も経験もある人類はこんな馬鹿馬鹿しい愚行を二度とやめましょうと誓って作ったのが国連でした。その精神は、人は互いに尊厳をもって接せられる存在であり、国家間の問題は武力によって解決すべきではなく、これを実現するために、英、米、仏、中、ソの5大国は拒否権という強大な権力をもってこの世界を守るのだ、とするものでした。先の大戦後75年を経て国連の議決に従わない国や事象もいくつかありましたが、安保理常任理事国たる者が堂々と軍隊をもって隣国を侵略するとは、国連の設立精神を無視するだけでなく１００年も時代を戻したようです。果たしてプーチンロシアに常任理事国の資格はあるのでしょうか？

二つの世界大戦を経て東西の冷戦をも終結させた人類は、人権やそれに伴う民主主義思想を少しずつ世界に浸透させていけるかと見られましたが、中国（中華人民共和国）、北朝鮮（朝鮮人民民主主義共和国）は国名にもある共和制とは真逆な独裁制を取り、後者はまるで世襲王を戴く18世紀以前の専制君主国家になってしまったようです。しかも2国とも核兵器（それを載せるミサイルも）保有し、実験を繰り返しています。

ロシアは民主主義の形をとってはいますが、実態は反対派を弾圧し20年以上支配者が替わらないのは独裁国家に近いと見られます。同様に民主制を採っている国々でも独裁的なあるいは権力主義的な支配者が散見され、この時代、政治的な進展があったのかどうか分からなくなってしまいます。

一方、経済面と文化面とでは時代を画する大きな進歩展開が見られたし、継続されています。まず経済面ではアメリカがあらゆる面で世界をリードしていますが、敗戦国の日本とドイツとが持てる技術力と勤勉さとでこれを追い、更に中国では鄧小平が実権を握り始めた頃から、政治は一党独裁のまま経済は自由化の体制を取り、今や世界第2位の大国となりました。インドをはじめとするグローバルサウスといわれる国々も成長を続けています。

そして技術面ではまず電子技術、特にコンピューター関連は計算機から始まりインターネットで国家から個人レベルまで瞬時に世界と繋がることが可能となり、更にその携帯化と人工知能ＡＩへの変貌は、この先どこまで進むか分からないくらいです。これと近縁関係にあるロボット技術やＩＯＴも、これからが本番といえます。

エネルギー関係は前時代（１９４５年以前）と同様に石炭・石油の化石燃料に大きく依存してきましたが、原子力と太陽光を含む再生可能エネルギーとの利用がこの時代に登場しました。前者はいくつかのメルトダウン事故と廃棄物処理とで問題を抱えていますが、後者はなお進展中で、更に様々な非化石燃料と共に水素エネルギーも次の時代の主役として期待が持たれますし、太陽を地球上にといわれる核融合の実験も進められています。

人の寿命の延長は医学の進歩だけではありませんが、伝染病や癌《がん》の制圧、製薬の進展（コロナ等病原微生物に対するワクチンの製法等）、食料栄養供給の適正化、脳の研究、更に遺伝子（DNA）への操作等、この時代を画するものでしょう。人の命を支える食糧の生産、すなわち農業生産も進展著しく、80億人のお腹もほぼ満たしています、紛争地帯での食糧難は別として。

宇宙への進出は、ソ連が先鞭《せんべん》を付けながらも（1961 ガガーリン）アメリカが月面着陸を果たし（1969 アームストロング、オルドリン）、その後も国際協力が進行中で、民間企業を含めた永続的な発展が見通せます。

文化面での進展も著しく、特に人々を楽しませる方向に進んでいるように見られます。オリンピック、サッカーワールドカップ、そして野球のWBCを頂点とする見るスポーツは、多くの観衆を動員しています。コンピューターと関連するゲームやインターネット上の娯楽の普及、各種イベント、大型娯楽施設、テレビの普及と高品質化、映画、演劇、音楽そしてお笑いを含む芸能等が一国にとどまらず、世界規模での基準と水準とを競い交流し、あらゆる国の人々を楽しませています。

また、各国固有の旧跡、景観、美術品、食べ物、ファッション等の維持継承は、その国を特徴付けるものであり、多様性を展開する上からも、交流が進めば進むほど必要で貴重なものとなります。
インターネットや交通機関の発達、国境の壁を低くする努力は、サッカーボールくらいだった地球の大きさがソフトボールくらいになった前時代から、今やテニスボールくらいに小さくなってきました。

この時代の始まり（１９４５）の世界人口は約24億人で、その77年後（２０２２）には約80億人に達したと推定されています。世界人口が初めて10億人に達してから（１８１０頃）20億人になるのに（１９２５頃）約１１５年も要したのに比べると、なんと急速に「人類の大繁栄」をもたらしてくれたのでしょうか。

しかしこの「人類の大繁栄」は、当然ながらその反動的な作用も膨大な力をもって跳ね返ってきました。日本における水俣《みなまた》病（１９５６ チッソ附属病院長が報告）は工場廃液による有機水銀の海水汚染を明確にし、レイチェル・カーソンの『沈黙の春』（１９６２）では農薬によって虫や小鳥の声も聞こえない静寂な春を想像させ、北大西洋のサルガッソ海の調査では（１９７１）海洋にプラスチック粒の浮遊が示唆され、大気については特に二酸化炭素の濃度を高め（産業革命以前２８０→４００ｐｐｍ、２０１３）、地球上に様々な異常を引き起こしていることが明らかになってきました。

生物多様性や持続可能な開発目標ＳＤＧｓ等、様々な国際的な動きと努力とがなされていますが、これから先の時代を展望する筋の通った理論、思想そして議論が求められているように思われます。

II　現代社会の統治構造と問題点

前章Ⅰ「生物の進化と人類の歴史」の、地球が誕生してからの生物進化と人類発生から現在に至るまでの歴史を受けて、本章では現代社会の統治構造（政治的な組織構造）、そしてその問題点およびそこから生じる不安感について概観していきます。

3　現代社会の統治構造

前項で述べた通り、西欧諸国が先導してきた民主主義という考えのもとに、政治的体制を取っている国々が世界では次第に増えてきました。今では東アジアの一部、西アジアから北アフリカへかけてのイスラム諸国およびその他のアフリカ大陸の中には、このような制度を採っていない国々がありますが、その他は民主制のもとに国家を運営しています。

では、民主主義とはどのような制度でしょうか。

それは、国家の主権が王や貴族に限られていた近世以前の体制に対して、国民全体が主権者であるとする考えで、実態としては統治される者（人民または国民＝多数）が統治する者（統治者＝単数または少数）を選ぶという構造になっています。その起源は遠く古代ギリシャに遡りますが、18世紀に至り原理的には「多数決による一般意思の表れ」（ルソー『社会契約論』

1762）や「最大多数個人の最大幸福」（ベンサム『道徳および立法の諸原理序説』1789）等によって形作られたものとされています。

そしてその根底には、「統治される者は平等に統治する者を選ぶ権利を有する」とする考えがあります。この権利（統治者を決める投票権）を先人たちは論理的に突き詰め、最終的には、人が生まれながらにして誰でも等しく有する「基本的人権」という思想に行き着きました。

ここで「基本的人権」を本書なりに再定義しておきましょう。すなわち、**「人は生まれながらにしてだれも等しく社会において、人に命を奪われ身体を傷つけられることはなく（生命権）、個人として財産を有することができこれを不当に奪われることはなく（財産権）、それぞれ幸福を追求する権利（幸福追求権）を有する」**とするものです。この権利を本書では「基本的人権」と定義しておきます。

ジョン・ロックらが提唱し、アメリカ独立宣言（1776）やフランスの人権宣言（1789）に成文化されている内容ですが、表現が少しずつ異なるので再定義しました。

人類は、その発生の当初から発達した大脳皮質のお陰で、自然への畏怖、死への恐怖、他人との関係等から洋の東西を問わず、信仰、呪術、迷信、宗教、道徳、倫理、哲学等々、誰もが何か信ずる思想を求めて長い歴史を経てきましたが、これらを重ね合わせて18世紀に至り、ついにこの考えに到達しました。

したがって基本的人権とは、憲法や法律を超えて地球上の全人類に付与された権利といえます。

アメリカの独立宣言（1776）では、

「すべての人間は生まれながらにして平等であり、創造主によって、生命、自由、および幸福追求を含む不可侵の権利を与えられているということ」

と示され、世界人権宣言（1948）では、

「すべての人間は、生まれながらにして自由であり、かつ、尊厳と権利とについて平等である」（第1条）とあり、「創造主によって」あるいは「生まれながらにして」となって、多数決で決めるとかではなく、人類社会で生存するための根本原理というべきものです。

本書ではこの根本原理を元に論を重ねていきますが、①この思想の出典はどこにあるのか。あるいは反対する人への根拠をどう説明するのか。②この思想の前の時代は、専制君主なり封建領主なり闘争で勝ち残った者が統治者となることが普通で、ある面動物的で分かりやすいのに対して、統治される者が統治する者を選ぶというのは直観的には分かりにくく、知識・教養あるいは経済的な自立等、一定の水準を満たされた人々の集団（社会）でなければ成立しないのではないか。この2点を引きずりながら論を重ねていきます。

ついでながら基本的人権の理解を深めるために、例えば飢え死にしそうな人が他人からパンを奪うような行為は、基本的人権の第1項は第2項に優先されますので許されるべきでしょう、

勿論《もちろん》、そのために相手を傷つけてはいけませんが。また第3項は、人を傷つけず（第1項）、人から奪うことなく（第2項）、幸福を追い求めることができるということになります。

第1項生命権について、これは人が人によって殺されること（殺人）を禁ずるもので、これと一般の死とは当然ながら全く異なります。一般の「死」は誕生と同様に、ごく普通に起ることであり、多くの場面で悲しみを伴うことではありますが、権利としての生命権とは異なり、混同してはなりません。

また死刑制度についても触れなければなりません。殺し合うことが当たり前であった近世以前や死刑を当然とする革命時代を経て、人はすべて互いに尊厳をもって遇せられこの地球上で共に生きていきましょうとする思想が、基本的人権です。生命権は他の諸権利に優先される最重要の項目ですから、これを犯してはなりません。死刑制度は歴史的な法理論の中から生じたものでしょうが、特に憲法で人権を規定している国であれば、国家公務員が公務として人命を奪うことはあってはなりません。歴史的な経緯や法律論と合わせて再考すべき事項と考えます。

複雑な現代社会の統治構造を簡単に示すことは容易ではありませんが、ごくごく大雑把に図6aのように図式化してみました。すなわち地球上に広く分布した人類は社会を構成し、海洋と南極大陸とを除く大部分を国家（あるいは地域）という部分に分割してきました（国家主義）。

国家は互いに独立と主権とを認めていますが、交通や通信の発達した現代では、どのような国でも何らかの国家間関係に制約されています。例えばどこの国にも属さない海洋を向き合って航海する二つの船舶は、互いに相手を右舷方向に見るように舵を切ることと決めておけば、無用な衝突は避けられます。このような航海や航空のルール、国連に加入していればその制約、労働やスポーツまでいわゆるグローバルスタンダードがあり、グローバルガバナンスの制約に、国家の自主権を超えて従わなければなりません（国家間／地球基準）。

そして多くの先進的な国は統治の根幹に人権思想を取り入れ、憲法等の基本構造に組み込んでいます（基本的人権）。近世以前のように統治者が恣意的に制度を変えることなく、法に従って行政を行い、国民も統治者もこれを守らなければなりません。また、「法」が国民の生存や思想および国家の存続を揺るがし逸脱させないために（法の暴走防止）、国家の基本と制約とを示した憲法を定めています（立憲／法治主義）。

このように、基本的人権から敷衍《ふえん》されるように人民＝国民全体が主権者であり（民主主義）、その主権の行使の一つとして立法権者と行政権の長（＝統治者）とを、国民（年齢その他で制限はあるが）一人ひとりが等しく一票の投票権をもって選挙で選ぶという構造になっています（選挙制度）。統治者を、国民の直接選挙で選ぶ大統領制と、選挙された立法権者の中から選ぶ議員内閣制とがありますが、大きな構造は変わりません。

国民のルールすなわち法律や国家予算、他国との開戦や条約の批准などを承認し決定する立法権の行使は、全国民の投票によるところもありましたが、多くの国は議会を構成する議員によってなされています。議員は国民を代表するものですから、様々な階層から投票によって選ばれます。階層とは年齢、職業、性別、思想、人種、地位、階級等々ありますが国民全体の代表者として、高い見識、将来への見通しそして誠実な発言が期待されます。

司法権者は専門性が高いので、多くは専門的な選定を行った上で、何らかの手段で国民的チェックが行われています。司法、立法、行政の三権はそれぞれ独立し、互いに牽制《けんせい》させ、一方の権力が暴走しないように仕組まれています（三権分立制）。そして行政権の行使、すなわち国家を統治運営する権限を、単数または少数者に、期限を定めて与えています（統治権者）。

食糧を含むあらゆる物品を生産し、流通させ、販売する生産活動、それを支える金融や資本の動き、生産されたものを購入する消費行動、労働や医療、科学技術等を含む経済全体は、国家の統制的かつ管理的な制度から次第に分離されて、自由な経済活動を保証する制度に多くの国が移りつつあります。これも構造的には、基本的人権の財産権や幸福追求権を基盤に個人の自由度を広げた結果、現在に至っています。更に物流や金融、為替の変動等は、統治権の下にあるものの国際的な環境の中に置かれているため、国家権力だけですべてが制御できるものではなく、国家間や地球規模での作用が大きく影響することになります。

言論、思想、教育、宗教、芸術、娯楽、スポーツ、報道等の文化活動は、かつては一国の統治権の範囲内と見られましたが、電子機器の発展、通信システムの発達、交通手段の改良等と相まって、グローバル化の波は文化の面で著しく、特に国家の制御の範囲に留め置くことは困難ですし、またそうすべきでもありません。伝統や歴史、少数民族の文化等、維持・継承に国の関与が必要な面も多々ありますが、文化活動全体は個々人の創意工夫や独創性等、自由度を広げた中に置かれるべきものと思われます。

現代社会は国家単位の統治構造を中心として、これに密接に関係しながらも、やや独立的に経済活動と文化活動とが両翼となって社会全体が動いているということを、図6ａに単純化して示しました。

一方、これを逆に見れば、統治権者の権力の根幹は、三権分立制の下に、選挙制度を維持することによって民主主義を実行し、立憲／法治主義を執行すれば、結果として主権者＝国民の基本的人権を守ることができるということになります。

したがって国家を運営する統治者は、国家間の関係を調整（軍事行動も含む）して、より良い人類社会を構成すべく役割あるいは義務が付与され、最終的にはこの地球上ですべての人が生きていくための基本的人権を成立させていくということになります。

この現行制度についてはいろいろと問題を含んでいますので、次の章の「4　現行制度の問題点と不安感」で更に考えていきましょう。

このような現代社会を支えるハードウェアとしては、18世紀の産業革命から始まった工業化の進展があります。

まず人間の筋肉に当たる、陸海空にわたり物資や人を移動させる輸送手段、地中や海底を掘って有用物質を取り出す掘削手段、建物や施設を造る建設手段、これらの道具や機械を造る工作手段、また人間の感覚器官に当たる各種センサーや探索技術、更に最近では神経や脳にあたるインターネットに代表される通信・コンピューター技術、また医療や軍事技術も著しく発達し人類社会を支えています。このようなハードウェアの面と、先ほど述べた基本的人権を基にした思想体系を得て、21世紀の人類は大繁栄期を迎えています。

そんなことはないという方もたくさんおられるでしょうが、今から110年ほど前は、ヨーロッパから発して中近東から日本、アメリカを巻き込んだ第1次世界大戦の最中でした。日本は戦勝国側ではありましたが国全体はなお貧しく、朝鮮半島は日本に併合され中国は革命直前で、いずれも不安定で困難な時代にありました。今でも不安定な国はいくつかありますが、前時代に比べれば世界の大半は、戦争の恐怖から解放され日々を穏やかに過ごしている人がより多くなっています。ウクライナやパレスチナは残念ですが。

1945年の第2次世界大戦終了後、世界を巻き込むほどの大きな戦争もなく、重い鉄のカーテンを平和裏に取り除くことができました。筋肉のみならず神経に至るまで発達したテクノロジー、基本的人権を基礎にした人類の英知、更に国際連合という制度のもとに、これから100年も200年も人類は繁栄を続けていけるのでしょうか。

次に現代社会の問題点と不安感とを考えてみましょう。

4　現行制度の問題点と不安感

（1）国家

図6aをもう一度ご覧ください。人類社会は国家間関係および地球基準の制約はあるものの、国家主義を基盤に、その上に載って諸制度が成立しています。

国家の成立には諸説ありますが、大まかにはⅠ－2（1）「人類の出現から紀元後4世紀頃までの世界の歴史」で示した通り、特定地域（主に大河流域）に人類が採集と漁猟を脱して農地を得て食糧を生産し始めた頃、その周囲のまだ農業の生産手段を有しない、または有することのできない人たちから土地と命とを守るために、境を定めて防衛したのが始まりと考えられています。

穀物は貯蔵もできるし周年的に生産でき、一定の人口を養うことができますが、採集と漁猟では収穫量などが不安定で人口の増加に耐えられません。初め小さな集落がやがて大きな集団となり、土地の境界だけでなく制度や権力を整え、国家を形成していきました。その後は武器の改良や軍事体制を強化して、東洋でも西洋でも長い間防衛的な意味以上に国家間の軍事衝突、すなわち戦争が繰り返されてきました。

隣接する国で一方が軍事的、経済的あるいは文化的に優越すると、その国は他方を侵略し、反抗する者を殺戮《さつりく》し、残る人を支配または隷属化して財を奪うなどの蛮行は、つい最近まで世界各地で行われてきました。動物的で分かりやすいともいえますが、同じ種で殺し合うことは動物でもあまり見られないし、まして人間では忌避感や嫌悪感が脳のどこかにあって制御が働くのではないでしょうか。

何千年も前の国家成立時代と現代とを同一視できませんが、相手が自国への侵略の意図を有せず生命や財産を奪わない、すなわち基本的人権を守る国だと分かれば、軍事力を強化して国境の壁を高く強くする必要も少なくなります。

例えば国境の壁を高くして、中では基本的人権を守らず人民を苦しめている国があったとしたら、どう対処すべきでしょうか。この場合、武力をもって侵攻し、いわゆる解放することにはあまり賛成できません。第一に「武力をもって侵攻」は殺傷を伴うことであって、基本的人権の第1項に触れることになり、第二に内政不干渉の原則に反し、第三にその国の成り立ちと歴史とに則り、最終的にはその国民が自国の体制を選択して決定すべきこと、だからです。

原則を述べているので、具体的事例についてはその時々に世界の知恵を合わせて対処しなければなりませんが、軍事力をもってその国の人民を救うことは、その行為が人権に反することになります。人が人を殺すことを根底から否定することが基本的人権の根幹であって、唯一例外を認めるとすれば、相対する相手がこちらを殺す意図と手段とを持って立ち向かってくるような緊迫した状態に限り、自己を防衛するために殺傷を含む相手への防衛的攻撃が可能となります。先ほどの人権無視の国が他国へ侵攻するとなると反撃は許されますが、自国内での非人権的行為に対しては国際的な制裁や説得、逃亡者や難民の支援に向かうべきで、軍事的に進攻（人を殺戮）して解決することは第一に取るべき手段とはいえません。

今では安定的に見える西欧諸国でも、約３００年以前には国家間の戦争は頻繁に起こり、革命や内戦、自国を守るべき軍隊が銃口を国民に向けることさえありました。どこの国もこれを経験してくださいとはいえませんが、新興国あるいは途上国といわれる国々も国家存在の矛盾や不条理を少しずつ自ら解消し、成長されることが望まれます。

西欧先進国のように近世・近代・現代へと時代を経て民主制へと国家体制を成長させていった国もあれば、その途中の国もあれば、その一方で気候風土・歴史・宗教などからそれとは別の国家体制を取っている国もあります。多くの国々が基本的人権思想のもとに民主的国家体制へと移行されることが望まれますが、それ以上に後述する通り、この地球上に多様な国家群の存在を認めることが優先されます。

それにしても理由はともあれ、一国の統治権を揺るがす行為に、他国からの軍事攻撃があります。それは一部の開発途上国を除いて、20世紀前半でほぼ終息しているように見られました。ソヴィエト連邦崩壊後の各国は、他国と連携しながら反撃的軍事力は増強しつつも、より防衛的となり、世界最強のアメリカでさえ他国を武力によって攻撃するのは容易ではなく、イラク侵攻（２００３）の後遺症は未だに完全に癒えていません。

各国とも防衛力は対立国と比較相対的に強弱を対応することになりますが、国家予算の大半を軍事費に投入していた前時代に比べれば、民生や経済および文化活動への重点の移行は明らかです。

そんな中、プーチンロシアのクリミア半島領有化に続くウクライナ本土進攻（２０２２年２月）は、現代の地球上であってはならない国家の行動であり、何としてでも是正しなければなりません。本書で扱うには荷が重すぎますが、原則的には、
①軍事力による他国への侵攻は明らかに戦争であって、第２次世界大戦終了の世界の民意（平和への希求）と、それを文章化した国連憲章（前文、１条、２条の武力不行使）に反しています。今の時代、武力によって国境を変えることは許されませんし、世界が認めません。まして貴国は世界の平和を守るべき常任理事国の地位にあることを、繰り返しロシア側に伝えることです（論理的誤謬《ごびゅう》の指摘）。
②たとえ軍事力によって形だけ国境が変更されたとしても、これが続く限りロシアおよびその国民は世界から非難され続けます。自分や家族が戦場で命を落とすほどの価値はないし、この地球上で共に生きていく方策を考えましょう、ということを世界、特にロシア国民に伝えることです（基本的人権の周知啓蒙）。

③国連憲章に賛同する世界の国家とすべての国民は、戦争が長期にわたったとしてもウクライナへの精神的・経済的・軍事的支援の継続を決意し、これをロシア側に伝え、和平への道筋を探ることです（ロシア大局観の変更）。

これら3点を、国連を中心に実施し続けていくことが求められます。そしてこの過程を経て、戦争が誰にとっても無益なことが認識され、世界人類の一体感が一段と深まるのではないでしょうか。

中国の海洋権益拡大意欲、北朝鮮の軍事力増強、イスラエルを含むアラブ諸国の混乱など、今後とも世界は軍事力に頼らざるを得ない一面もありますが、それでもなおそれ以上に軍事力での解決は得るものが少なく失うものが多過ぎるという認識を、共有化する努力を続けなければなりません。

振り返れば、国家が生まれたＢＣ３０００年頃から今の今まで、人類は戦争に明け暮れてきました。歴史の中には、戦争をするために国家があるのではないかと思われる事例もありました（アレクサンドロス大王遠征、イスラム教国成立初期など）。国家の存在の重要性は後述しますが、21世紀を迎えた現在、基本的人権思想を行き渡らせ、20世紀前半のように国家の存在自体が戦争を引き起こすようなことのないように、国境の壁を低くして、これ以上軍国的国家主義を強化しないで済むように努めるべきではないでしょうか。国家の強さを競うのは、軍事力ではなく、文化的な豊かさや先進性、そして国民の幸福度であるべきです。

戦争が頻発している時代では、対立する相手に抗するため、国家を強大にしなければなりませんでした。共に戦う国が離れていれば同盟を結ぶことになりますが、隣接していれば合体して一国になることは今までもありました。大きいことは強いことで、少しくらい考えが違っても攻め込まれて命を失うよりはましです。

イギリスは国旗が示すように、歴史的にはいくつかの国が合体して一つの国となり、ヨーロッパ大陸諸国に対抗し世界への海洋進出も果たしました。アメリカは建国の時から国（州）の集合体であることを宣言し、その集合体である合衆国は今や世界最強の国家となりました。戦争の時代では国家は強く大きくしなければなりませんが、しかし将来とも平和が見通されるとなれば、国を無理して大きくすることもありません。経済的裏付けは最低限必要ですが、歴史や文化、同胞意識等のまとまりで小国家が多数地球上に生まれることは、多様な選択を広げる次の時代に相応《ふさわ》しいことです。これを前提に、地球上に平和を構築する仕組みをしっかりと打ち立てなければなりません。

国境の壁を低くして、国家間の関係を対立から融和的・共存的な方向に向かわせるべきことを強調してきましたが、ここには大きな問題が内包されています。すでに読者もお気付きでしょうが、移民を含めた国家の個性＝アイデンティティー、そして全体的には多様性＝ダイバーシティの確保です。そしてこれらは国による文化度あるいは進歩度の差と密接に絡み合って、問題を複雑にしています。これについては本書の主要テーマと深く関係するのでⅡ‐４（４）

「文明の発達と多様性の維持」で再考しましょう。

要約すると、現代の人類社会は独立した国家により構成され、基本的人権の下に民主制を採る国家と、それに達しない途上の国家と、それとは別の方向に向かう国家が存在することになります。それぞれの国家における経済活動や文化活動は、一国の制御よりも国際関係に依存する傾向が強まり、統治権の執行でさえその国の判断だけなく、国家間の関係に大きく影響を受けつつあります。

もはや国際宇宙ステーションＩＳＳで一周1時間半、テニスボールくらいの大して大きくない地球になりました。もしこれから平和が見通せるなら、国家のサイズもあり方も変わってくるでしょう。

(2) 食糧・エネルギー・環境

一部の鉱物質を除いて、すべての食糧は太陽の光と熱によって生産されています。私たちが目にする多くの植物は直接太陽光による光合成を行っているし、他も2次的に太陽によって生かされています。すべての動物は肉食獣を含めて、植物がなければ生きていけません。

人工光での植物栽培は太陽光を使わなくても成長しますが、そこに使われる電力等は他からエネルギーを得なければなりません。地球に届く太陽光の総量はほぼ一定ですので、そこで繁茂する植物もその枠内であり、そこで養える動物の総量もその範囲内です。10億年の単位になると陸海の比率も太陽の光量も少しは変化するかもしれませんが、10万年の単位ではほとんど変わりなく、地球上の大部分の生物はここからエネルギーを受けて生き続けているといえるでしょう。

人類は他の動物とは違って約1万年前から農耕を始め、この200年で8倍にも人口を増やすほどのテクノロジーを発達させてきました。人間の食糧の消費と供給は他の動物とは著しく異なり、単に必要なエネルギーを満たすだけではなく、美味しさや好みあるいは贅沢《ぜいたく》さを求めて、キャビアとかトロマグロとか高級フルーツやアルコール飲料を含めると、加工や輸送経費を含めて必要量の何倍ものエネルギーを費やして食していることになります。少数の人であれば現在と同等に供給できますが、80億人が求めるとなると容易ではなく、地球を食べ尽くすようになってしまいます。

日本の捕鯨について国際的な問題になることがあります。しかし、クジラに限らず野生生物を狩るのは、弓矢ぐらいの武器で体を張って獲っていた頃までなら食糧を得るという目的から当然許されるかもしれませんが、銃器を備えた大型船舶で獲るとなると、自己の食糧を得るというよりはもはや産業であり、それであれば農業と同様に獲る生物自体を生み育て、それを生産物とする方向へ向かうべきではないでしょうか？

将来、野生動植物の漁猟と採取は、一部産業革命以前の生活をしている人々を除いて、原則として制限ないし禁止し、人類の食糧はすべて栽培、養畜、養殖そして培養によって供給すべきと考えます。今の技術進歩の状況から見れば、50年か100年後には、クジラもキャビアも養殖によって多くの人が食べられるようになるのではないでしょうか。

技術の方向を、野生生物を獲る方向に向けるか（自然界にどんどん介入していくか）、養殖等によって（自然界に負荷を少なくして）生産していくか、将来に向けて地球規模で考えましょう。養殖による様々な問題（肥料や餌等）も解決していかなければなりませんが、今、野生のリンゴや牛肉を食べる人がほとんどいないのと同様に、将来に向けて、野生動植物を採取しないで全人類が食に困らない方向に進むべきと考えます。また産業の変化にはいつも、それに携わっていた人々に大きな影響をもたらすので、全体を考えなければなりません。

産業革命以降、人口は急速に増加し、その一人当たりのエネルギー消費量も格段に多くなりました。それまでは太陽光だけで（木材の火力や水力を含めて）エネルギーを得てきたものを、これに加えて石炭や石油、天然ガス等、いわゆる化石燃料を利用することによって、人口増と一人当たりの消費増とを共に満たすことが今まではできました。

この化石燃料は、太古の植物が太陽光を利用して大気中の二酸化炭素を自己の葉緑体に取り込み、酸素を大気中に放出して炭素は炭水化物に変えて自分の体（植物体）として地中深くに埋めたものでした。今人間は、これを地中から取り出して酸素と結合させ、二酸化炭素にして大気中に戻しています。化石燃料は有限であり様々な有機物を含んでいます。これを世界中で燃やして燃焼エネルギーだけに使うのはもったいないし、無限にあるものではありません。このまま地中深くに保存し、燃料以外の有機化合物としてもっと有効に利活用できるよう、有能な後輩たちに委ねてはいかがでしょうか。

そのためには、化石燃料より安く便利な代替エネルギーを作り出せばスムーズに移行できます。例えば家庭用燃料では、すでに実用化されている木材ペレット（この木材は植林で）やトウモロコシから作るアルコールなどがありますが、更に広範に太陽光を利用して水から水素を取り出す水素燃料や、でんぷん質を作り出す人工光合成の研究を進めるなど、将来はエネルギーの大半を太陽光から得られるように、そしてその可能性を探る方向に人類の英知を向けるべきです。

薄くて弱い太陽光ですが、緯度の差を除けば地球上どこでも平等に永続的に得られるエネルギーですし、太古からほぼ人も含めてすべての生物はこのエネルギーによって生かされてきました。今、地球環境というと化石燃料を燃やした結果出来る二酸化炭素の増加が大きく取り上げられ、深刻な問題であることに間違いありません。地球が温暖化され海水面が上がったり、気象が異常になったり、生態系が変化することが指摘されています。これを根本から解決するためにも太陽光エネルギーの高度利用が求められます。

二酸化炭素を出さない原子力発電等の核エネルギーの利用はどうでしょうか。スリーマイル島（１９７９）、チェルノブイリ（１９８６）、そして、21世紀になっても福島（２０１１）と事故が起き、なお未熟で制御不能な技術であったことが露呈しました。核融合エネルギーの利用と同様に研究はこれからも進めるとして、被害の大きさと後処理（核廃棄物）の困難さとに鑑み、ここは実用利用を一旦停止し、前述の太陽光による代替エネルギーの研究を進めるとともに、一部の原発は実験炉と位置付けて廃棄物処理等の研究を進めてはいかがでしょうか、20～30年後の見通しとして。

食糧増産と最近では穀類からのエネルギー生産の面から、森林や原野を開墾して農地を広げています。南アメリカやアフリカの熱帯雨林、中国西部・北部から中央アジアにかけてのステップ地帯に農業開発が進んでおり、更にロシアからアメリカ、カナダの北方寒冷地に向けて人類生存域の拡大が進行しようとしています。

農業は植物栽培や放牧等、自然の中での生産をイメージしているように見えますが、野生の草木を取り払い土地を耕し、植物を生育させてはそれを刈り取り、また肥料を入れて種をまくというように、自然とは異なるサイクルを繰り返しています。灌漑《かんがい》もするし農薬や化学肥料も使い、更に大型農機具による人為的負荷が加えられます。

牧畜もハイジの時代のように自然と共に生きていく牧歌的イメージとは異なり、アメリカの先進的な畜産は、ドキュメンタリー映画『Ｆｏｏｄ　Ｉｎｃ.』（２００８）に示されたような、集約的でまるで工業製品を作っていくような中で家畜の飼養が行われています。漁業や林業も、これだけ人口が増えてくると野生生物からの採取では自然の回復が間に合わず、復元力が失われつつあります。

農業は面積的には最も大きく、地球の環境を変化させる要因といわれて久しいですが、80億人に食糧を供給するとなると、農業の工業化はやむを得ない一つの方向かと思われます。このような状況で、遺伝子操作等を含めた食の安全性の確保と、自然や環境への負荷の抑制とを考慮したこれからの農業のあり方について、地球規模での検討が必要かと思われます。

そして環境問題は、現在二酸化炭素の増加による温暖化等を喫緊の課題として何らかの具体策を実施する段階にありますが、これを含めて更に大きくは食糧、エネルギー、農業、環境を包含した地球全体の将来について、長期間の問題として統合的に考えていかなければならない時に至っています。

すでに「生物多様性条約（CBD 1993、国連環境計画）」や「持続可能な開発目標（SDGs 2015 国連）」等、国際的な議論の場が提示されています。そして本書では、別の観点から後述する通り「生物権」という考え方を提案し、これらに対処しようとしています。

（3）自由権と幸福追求権

現代社会の構造について、もう一度図6aを見ますと、国家主義の上に基本的人権が載っています。すなわちこの人権は国が司るものであって、国によってはこの人権を無視ないし軽視しているところもあるし、多くの先進国でも〝国家の中での人権〟と捉えています。

本書での基本的人権の定義を再掲載しますと、

「人は生まれながらにしてだれも等しく社会において、人に命を奪われ身体を傷つけられることはなく（生命権）、個人として財産を有することができこれを不当に奪われることはなく（財産権）、それぞれ幸福を追求する権利（幸福追求権）を有する」

ということでした。

この基本的人権の思想は、人類文明の到達点の一つであり、国家や集団間の紛争を抑制し、人々が次の時代へ踏み出す基盤となる考えであり、これからもこれを周知啓蒙することが必要かつ重要と考えます。その上でこの思想の深化を図らなければなりません。

人権に関する多くの書物では、思想や宗教等の精神的自由権、職業選択や財産の保持等の経済的自由権、そして刑罰下での身体的自由権を、私人の、公権力に対する基本的権利として位置付けています。本書では基本的人権を公権力に対しては当然であるとした上で、私人同士の間でも適用できる基本的（原初的）権利として、自由権を幸福追求権の中に包含する形で話を進めていきたいと考えます。

その理由も含めてここで「自由」について少々考えますと、自由とは一般的には、自身の責任の下に何からも制約されず自分の意思で決定し行動できることをいいます。

人類が発生の時には、他の動物と同様に自由の概念も高度な思想もなく、自己の生存と子孫の養育とにすべてが費やされていたことでしょう。幸いにもその頃から食糧を得るにも生活するにも家族や仲間と協同して行動する習性（本能的所作）があり、大脳皮質の発達のお陰で、主に食糧を得るために、初め自然の石をそのまま使っていたものを、やがてこれを加工（打製、磨製等）し、同様に弓矢などを作ることができるようになりました。それによりわずかながらも生産性の向上がもたらされ、洞窟に壁画を描く余暇（あるいは信仰か）が生まれたのでしょうか。

その一方で、共同で生活するということは社会を形成するということであり、社会を形成するということは、これを形成する個々人に何らかの制約を強いることになります。小さな集団は集落となり、やがて国家へと社会が拡大するに従って個人の自由は制限され、支配と被支配との関係から奴隷制のように極端に自由がはく奪される時代を経て、権力（国家）からの制約や強制を受けない基本的個人の権利として、前記の自由権が近代国家では確立されてきました。

一方、人間は生まれながらにして社会的制約の中での存在、すなわち自由が制約された中での存在、であるとする見方もあり、これとの対比から、思想の自由や職業選択の自由は幸福追求の大きな枠組みの一部として、本書では捉えることといたしました。

かつて『野生のエルザ（原題「Born Free」）』（１９６６）という映画の中で、３頭の親のいない子ライオンのうち２頭は動物園に、残りの１頭が野生に返される内容でボーンフリーという言葉がはやりました。

動物園では檻《おり》の中という極端に制約されているのに対して、野生に放された1頭は自然の中で全く自由になったように我々には見えます。しかし生物にとって外界（＝自然）はすべて生きるための制約であって、自己の生存と子孫を残すことで精いっぱいです。人は他人との関係の中で自由の概念が生じるのであって、自然の制約（天候や自然災害）で自由が奪われたとは言いません。

そこで幸福追求権ですが、当然ながら誰もが幸福を追い求める権利を有するということであって、誰もが幸福になるということではありませんね。また、幸福の意味も千差万別で、80億の地球人には80億通りの幸福感があるといっても過言ではありません。

大脳新皮質を極度に発達させた人類は、欲望の充足と幸福の追求とが渾然《こんぜん》となり、幸福追求権は現代社会では無限ともいえる広がりを見せています。欲望の充足とは個人の欲を満たそうとすることであって、その結果の先はその個人の充足感を満たすだけで終わってしまうのに対して、幸福の追求とは自己の希望や展望を実現しようとする考えや行動であって、その希望や展望を実現することによって周囲の人々に害を与えてはならないし、より良い影響を与え、希望をもたらし、総じて次の社会全体に資するものでなければなりません。前述の通り基本的人権の第1項（生命権）、第2項（財産権）を満たした上での第3項です。

このように基本的人権の一部である幸福追求権は、定義自体も実現も難しいですが、少なくとも生きるに十分な衣食住や出産を含めた安全な医療、人として必要な教育を求める権利は誰にもありますし、その水準や質も時代や地域によって異なります。

したがって、多くの先進欧米人が享受してきた恒久的な家屋、冷暖房完備の部屋、自動車や電子機器等を備えた快適な生活を、世界の貧困層と呼ばれる人々が求めることは当然の権利です。ただ、「求めること」は当然であっても、これを「実現すること」とは大きく異なります。実現するにはまず第一に、個人の努力が要求されますが、その前に諸制度、置かれた環境、今までの歴史など様々な要因が絡み合って、個人の努力だけでは容易に解決されない諸問題があることは現実の通りです。

そこでここでは、社会的・経済的に発展途上の方々に対して幸福を求めることは、個々人に付与された当然の権利であるということの理解を進めることと、自己の幸福にある程度近づいたと思われる方々に対しては、個人の努力では打開できない諸状況を改善するために、自己の財や能力の何割かを支援に充当する義務があるという、この2点を指摘しておきます。

人権思想は人と人との間で通用することでありますから、今80億の人はすべて一体としてこの地球上で暮らしていくのだとする視点がないと、なぜ裕福な人がそうでない人に支援する義務があるのか理解できなくなります。人権思想、特に第3項の幸福追求権の深化の一つはここにあります。幸福を実現したと感じた人は、幸福を追求中で個人の努力ではどうしても打開できない状況に対して、これを改善するための支援をすべきであり、それがその人にとって更なる幸福感に循環しなければなりません。

そして更に地球の資源は有限であり、無限ともいえる太陽エネルギーも一瞬一瞬太陽に当たっている面積以上に得ることはできません。人口はなお増加の一途を辿り、それにも増して個々人の求める幸福の幅が広がっている現状にどう対処すればよいのでしょうか。

人口問題については後述しますが、人権、特に幸福追求権については現代社会の大きな矛盾点として浮かび上がってきています。やや安定的に見える21世紀の前半、人権思想の深化を図り、この矛盾の壁を切り開いて次の時代に進む時期にあるように思われます。

（4）文明の発達と多様性の維持

文明の基礎ともいえる農耕が始まったのが今から約1万年前、そしてそれを基に文明の痕跡が認められるのが約5000年前のメソポタミア、エジプト、インダス、黄河、長江等の文明で、いずれも大河の流域でした。その後、中国を中心とする東洋と、ヨーロッパを中心とする西洋とが文明を大きく発達させ、やがて18世紀に西洋では人権思想および民主主義の考えが議論され、実施に移されてきました。この考えは突然現れたわけではなく、これから2000年も遡るギリシャ時代にその原点を求めなければなりません。

その概要はⅡ－4（1）「国家」に示しましたのでこれを省き、ここでは東洋と西洋の考え方の違い、人権思想がなぜ西洋に生まれて東洋に生まれなかったかについて考えてみたいと思います。

このことについては、すでに様々な場面で論述され重複するところもありますが、東洋では組織（＝国家）の長をどう決めるかについて、まずは武力の強さであり、同等の他を圧倒して自《おの》ずと長となりました。その後、臣民や大多数の農民の支持も必要ですが、それよりも長たる者の資質（体力、技能、徳、仁、義）や統べる方法（人格か原理原則か）、あるいは組織の中での処し方、生き方など、人間と人間との関係について孔子をはじめ多くの思想家に深く考察されてきました。

その一方で、ギリシャでは武力の強さもさることながら、奴隷制の基盤の下に、人民（市民）と長たる者との関係が東洋ほど遠くはなく、人民の賛同がその資格の一部と見なされ、「陶片追放」（陶片に追放すべき者の名を書いて投票する制度）や「民会」（諸ポリスで開かれた市民総会）のような民主制の萌芽が見られました。思想的にも自然の原理や真理の追究など、人間関係以外にも関心と考察を深めていきました。

この違いはどこから来ているのでしょうか。

東洋の長江以南の農業は水稲耕作が主体で、これは同じ水田で同じ穀物（＝稲）を何千年も続けて作ることができ、狭い面積で多くの人を養うこと、すなわち村の形成が自然に容易にできたのではないでしょうか。村の生活は生まれながらにして親族の中にあって、共同作業など技術の伝達も難なく行われ、特別な災害を除いて食に困ることは多くはありません。

一方、古代オリエントから地中海沿岸にかけての穀物は麦が主体で、肥料もいるし陸生の作物ですので連作も長年は続きません。牧羊を組み合わせて連作障害を極力防いだとしても、同一の土地で多数の人を養うのは難しくなります。結果として西洋では個人が家族単位で独立し、広い面積を所有するか移動しながら、周囲との関係を良好に保つように神経を使って生活していかなければなりません。

このような移動を伴う生活では村のような社会形態は形成しにくく、その帰結は戦うか交渉するかの選択になり、平和裏に解決するには互いに相手の存在を認め、話し合うことになります。長い年月を経て民主制や人権思想が芽生える素地が形成されたのではないでしょうか。

一面の見方ですが、東洋では比較的固定された集団の中でうまく身を処していく方向に思考を注力していくのに対して、西洋では自立した個人が見ず知らずの他人と対処することが求められ、その必要性が思想形成の根底を成しているようにも見られます。

その後、東洋では紙を発明し、火薬を作り出し、羅針盤も考案しましたが、人権思想を生み出すことはなく、海洋進出へのインセンティヴも低いまま経過したのに対して、西洋ではインド航路開拓への必要性から大西洋、更に太平洋へと進出し、新大陸を含めて世界各地に航路を広げていくことになり、その頃から東洋と西洋との濃厚な接触が始まりました。専制君主制のまま近世を迎えた東洋に対して、産業革命を経て軍事力を強化し、未熟ながら民主制を取り入れて近代国家を形成しつつあった西洋は、圧倒的な力をもって東洋と対峙《たいじ》することになりました。

さて、このような歴史的事実を背景にここで論じなければならないことは、文明の発達を進めながらその多様性をどう維持していくか、またその必要性があるのかという点です。

人権思想は人類文明の一つの到達点であることは度々指摘しているところですが、これを生み出せなかった東洋は、西洋に比べて知的に劣っていたのでしょうか。そうではありませんね。生物の進化と同様に人間の知能も必要に応じて発達します。前述の通り東洋には人権思想を生み出す必要性が低く、西洋にはそれが高かったといえます。文明と文明とが接すると、優れた文明が他を圧倒し、その地域全体を一色に塗り替えてしまうという事例は歴史上には多く見られます。ローマ帝国はイタリア半島に生まれ、やがてヨーロッパ全域に版図を広げました。武力による支配もありますが、道路を敷設し水道を通し小麦やブドウ畑を耕せば、元の採集と狩猟の時代には戻れません。一方、モンゴル帝国はロシアから東ヨーロッパまで軍事的に攻め込みましたが、文明の面では支配することはなく、彼らが立ち去ると元に戻ってしまいました。

民主的な考えはギリシャ時代に芽生えましたが、そのまま一直線に進展することはなく、長い中世時代を経て近世以降に議論されてきました。いくつかの事例を取り上げて理非曲直を決めつけるほど歴史は単純ではなく、大局観あるいは政治的に一方に決断することも現実にはあり得ますが、一方を支持するあまり他方を否定し消滅させるようなことは正しい選択とはいえません。多様な考えや様々な文化を包含しながら次の時代に進むことの方が、現代ではより良い選択といえます。

さて、交通も通信も著しく発達した21世紀を迎えた現在、国家と称する地域は地球上に200近くあり、経済的格差を別にしても、近代的民主制を整えた国もあれば、近代以前の世襲的君主制のような国もあります。また、宗教と政治とが十分に分離されないまま国家を形成しているところもあります。

中世から近世にかけてヨーロッパ諸国は、キリスト教と現制政治とを分離するために長い年月と多大な苦しみ、そして犠牲とを払ってこれを克服し、現在世界の先端に位置しています。西欧の人から見てイスラム圏の人は遅れているように感じられるでしょうが、これもまた一つの選択として見ることも必要です。豊かさとか生活の便利さのような経済的指標をも加えると、時間の経過とともに文明の発達の程度には明らかに差が生じて、これが接触すると経済的に豊かな方へ生活様式から制度まで、あっという間に移行してしまうこともあります。

これまで、人権思想が人類文明の到達点の一つであり大切にすべきこと、国境の壁を低くして相互依存度を高め戦争を回避すること、を繰り返し述べてきましたが、それでもなおこれらに優先して、多様な存在を認め合うことを上位に位置付けなければなりません。

本書の主題とする「生物権」の主旨は、地球上のあらゆる地域、あらゆる環境で様々な生物が生命を維持することを、人為的に阻害または制御すべきではない、ということであって、多様な生き方を認めることが最上位に置かれる考え方です。これを人間社会に直接当てはめるのは必ずしも適切ではありませんが、個人であれ集団であれ多様な生き方を互いに認め尊重し合うことは、人権思想の浸透に伴って現代以降、更に強調されていかなければなりません。言うまでもなく他に害を及ぼすようなことはあってはならないし、これに反対する意見も多様の中に含まなければなりませんが。

移民／難民の問題も、国家の独自性と全体の多様性とに深く関わってきます。

難民については出身国の政治情勢等、国内の諸問題を解決し、自国民の定住を図ることが第一です。国家間では内政不干渉が原則ですが、難民等で他国に迷惑（被害というべきか？）をかけては不干渉というわけにはいきません。

移民については出身国の政情等に問題がないとしても、経済格差等様々な理由から他国への移動が行われます。短期間の多数の移動についてはある程度の制限はやむを得ないですが、小さくなった地球で国境の壁を低くした現代以降の世界では、移民や人種間の交流は長い目で見て自然な流れと受けとめなければなりません。

それでもその国の風土、歴史、そして国民性から、自ずとその国の個性は、時代による変質を受けながらも、維持継承されるのではないでしょうか。そうした中で時代は進み、国家、国民、文化、思想、経済、制度等々を進化させなければなりません。

国家の伝統や民族の純潔性を重視する立場から、国家間の交流に消極的または反対される方々もおられるでしょう。こうした考えも多様性の一つとして包含しながらも、時代の進展を進めていかなければなりません。

国際化と効率化との波が押し寄せてくる中での国家の個性（national identity）、特に文化のあり方が現代社会の不安感の一つです。日本では戦後の復興期、畳の住まいが多くありましたが、高度経済成長期を経て急速に床板式に代わっていきました。経済性、維持管理、便利さ、衛生等、様々な理由により変化しましたが、畳に関わる調度品や生活風習、立ち居振る舞いなどの和文化の一部もこれと共に失われました、下足を脱ぐ風習は残りましたが。

タイやネパール、アフリカ諸国でも同じようなことが起こっているでしょうが、この先どうなっていくのでしょうか。東洋では西洋に比べて、家族との関係がより深く親密であるが故に、家庭内では時に家父長的で強圧的な一面も残っており、個人を主体として考える真の基本的人権思想が受け入れにくいと見られることもありました。

確かに現在でもそのような側面もありますが、日本や韓国ではジェンダーを含めた個人の独立性が少しずつ浸透し、西欧と全く同じではないにしても、人権思想はそれぞれに合わせて受け入れられていくようにも思われます。

現代社会で最も大きな問題点と不安感といえば、経済格差というか巨大な相対的貧困層の存在ということになるでしょう。この問題を論ずるのは本書の主旨ではないし、また能力もありませんが、歴史的および制度的な面から3点の問題を指摘しておきます。

①前時代（１９４５年以前）は、世界を巻き込む戦争を2度も経験していました。その当時も

無論、貧富の差はありましたが、富める者も貧しい者も共に国の遂行する戦争に最大限の協力というか義務または使命として、参加しなければなりませんでした。自分やその親族そして国全体が命の危険に曝《さら》され、今よりは過酷な状況に置かれており、貧富の差を問題にするより命を守る方が優先されました。

②前時代からソ連崩壊（1991）まで様々な政治思想の中で、特に社会主義と自由主義とが世界を二分する大きな対立がありました。やがて社会主義を掲げる国は少なくなり、共産党一党独裁の中国でさえ経済は別として、世界のほとんどは自由主義経済の中にあります。能力のある人は会社を興し成功すれば大きな所得を得ることができます。会社は競争の中で他を打ち負かして更に大きくなり、一国内に留まらず物や手段を売って世界から富を得ることができます。

しかし世界には100メートルを10秒で走る人もいますが、15秒でやっとという人が大部分です。ある面で能力のある人に富が集中することを放置すれば、富める少数の人と貧しい大部分の人に分けられることは明らかです。前時代より一人当たりの生産性は各段に上がっているので、格差の広がりも急ピッチです。

③人には誰でも幸福を追求する権利（基本的人権 第3項 幸福追求権）があります。この幸福の中身に裕福になることは大きなウエイトを占めています。しかし、80億人が幸福追求権を行使したら地球はどうなるのでしょうか。Ⅱ-4（3）「自由権と幸福追求権」で述べている通

り、今に至って基本的人権、特に第3項の幸福追求権を見直すか、あるいは深化すべき時期に来ているのではないでしょうか。

以上、問題点3点のそれぞれに対応するとすれば、①については、時代によって社会問題の軽重の捉え方が異なることを示しています。前時代の最優先課題は国家の存続そして国民の生命であって、経済や貧困はそれ以下の問題でした。

歴史はいつも一つ問題を解決すれば次にまた新たな問題が出てくることの繰り返しで、いつに至っても何も問題のない社会はあり得ません。今の時代、生命の問題（戦争）が全くなくなったわけではありませんが、少しは遠のき（ウクライナやパレスチナは別）、貧困問題が前面に出てきました。捉え方としてこの問題の解決は、社会全般の変革を伴う大きな課題として受け止め、一挙に大きく改善するというよりは、少しずつ一歩でも半歩でも進めば良しとし、試行錯誤を繰り返しながら対処すべきことと考えます。

②については格差是正の具体策ですが、自由主義経済の中ではどうしても貧富の差が生じることを前提に、

②－ｉ　富める者の富を強制的（税等）か自由意志（寄付等）かにかかわらず何らかの方法でそれより貧しい者に付与する。ただし、お金を渡せば事が済むほど簡単ではないことを全体で承知の上ですが。

②－ⅱ　社会的貧困層の方々に教育、技術習得、職業訓練等を手厚く行うとともに、社会制

度全体を貧困層の極小化にシフトする。
②－ⅲ　格差の是正には下層を押し上げることの他に上層を押し下げることも理屈ではあり得ますが、伸び盛りのタケノコを上から抑えるようなことは理に合わないし、健全な社会とはいえません。持てる富を次の投資や起業そして社会への貢献に使い、富の分散を図るべきでしょう。多くの美術館や文化施設がその恩恵を受け、社会に彩りを添えています。
③の経済格差と基本的人権との関係については既述の通りですが、このことは個人間や国家内の事象ではなく、地球規模の事柄として捉えなければなりません。バナナやアボカドは値段もお手頃で多くの方が食しておられるでしょう。これらは赤道近くのやや貧しい国々で生産され、その価格決定や取引が公正に行われているか気になるところです。
これらに限らず生産者と消費者とは、持続可能で入れ替え可能な関係が望ましいと考えます。農業や工業に限らずすべての職種に特異な人、意欲のある人が就けるような、緩やかな循環が求められ、その根底に消費者も生産者も基本的人権、更には生物権の思想の共有が必要になります。

貧困問題とやや離れますが、近世以降の歴史の中で富の偏在の固定化と、人為的あるいは制度的に作り出された極貧層の存在とは、極端な左翼思想や社会変革（革命）を引き起こし、その経験（あるは反省）を基に現代社会が築かれてきました。

基本的人権では、人が人を殺すことを真っ先に否定し、人為的な極貧層が飢え死にするようなことは80億人の1人でもあってはならないことを示しています。また生物権では、地球の自然を毀損させないことを第一に、緩やかな物質循環を絶やさないことを示し、人間社会に反映させれば富や財を固定化させず、緩やかな流動とすべきことを示唆しています。

今後の人類社会が向かうべき方向の一つとして、本書では「生物権」という概念を構想し、次章以下でその内容を示していきます。

Ⅲ　生物権

ここでは人類とその他の生物とは現にどのような関係にあって、将来に向かってどのような位置付けにすべきかの思索の結果、「生物権」という概念が生み出された経過を記述します。

5　生物権成立の要件

（1）人類と他生物との関係

今から約40億年前、この地球に生命が誕生しました。それから約28億年間、単細胞の時代を経て多細胞の生物が生まれ（約10億年前）、その約1億年後（約5億1０００万年前）には多種類の生物が一挙に出現し、その約1億年後（約4億年前）には、今まで水中にいた生物が陸上で生存し始めました。

母なる地球は厳しく、この後も何回か生物絶滅の危機を与えましたが、それを乗り越え進化を継続させ、約20万年前、生物界最強ともいえる人類ホモ・サピエンスを生み出してくれました。お母さんありがとうございます。

宇宙広しといえども、今のところ我々と同等の知的生命体の存在は確認されていません。1万年とか10万年とかは宇宙の経過の中ではほんの一瞬ですが、我々の1万年後または10万年後を想像すると相当遠くまで探査できるはずで、今まで他の星から我々にコンタクトがないということは、我々の存在は宇宙の中でもよほど稀《まれ》で貴重な存在であることを示しています。

さて、神あるいは造物主がないものと仮定すると、人類が生み出されたのは偶然でしょうか。アリが餌を求めて四方八方闇雲に歩いて餌を見つけ出すように、進化の過程で偶然に人類が出現したともいえます。一方、神あるいは造物主が存在し、その意図の下に作られたとする考え方もあり得るでしょう。

そのどちらの考えでも、少なくとも最初の生命体である単細胞の微生物がいなければ次の生物は出来ません。酸素を大気中に放出してくれたシアノバクテリアや藻類、その他の植物群がいなければ、すべての動物種は存在できません。脊椎動物が生まれるために、三葉虫や貝類等たくさんの無脊椎動物が必要であったし、魚類から両生類、爬虫類《はちゅうるい》の過程を経て哺乳類が出現し、その中の霊長類の最終進化形が人類ということになります。

すなわち人類が生まれるには、バクテリアのような微生物から海藻類や地上の草花、イチョウやメタセコイア、エビやらバッタやら、イワシやカエル、そして蛇やネズミやお猿さんまでみんな必要だったし、いわば人類の先輩でご先祖様にあたります、だからといって何も敬うこともありませんが。

脳の容積を次第に大きくして人類ホモ・サピエンスが誕生した時も、与えられた頭脳を使えば生存できる食糧等が得られるだけの他の生物の存在が調っていたから、生存できたともいえます。多くの先人が言っている通り、人類は霊長類の一つの種として出現する過程から今に至るまで、他の生物との関連の中で生存が許されてきたのです。

たとえ人類が他の生物に対して神ともいえる圧倒的な力を獲得したとしても、人類に必要な生物種と不必要な生物種とを分けて、不必要な生物種を地球上から絶滅するようなことが許されるのか、また、それが将来に禍根を残さないのかは疑問です。

力を持つものはその力を制御し、それを行使する必要性あるいは必然性によってその力を行使または発揮するように自然界は仕組まれており、この摂理に反すると、その力を持っているもの自体が生存できなくなってしまうというのが生物界の原理です。

例えば肉食獣のライオンはシマウマを倒すほどの力があり、これを食して生きていますが、必要以上に（満腹でも）シマウマを倒してばかりいたら、次に空腹の時、近くに餌がなくなって飢えてしまいます。

一般に食物連鎖の上位のものが強くて下位のものが食べられる状況にあっても、上位のものが先に死滅して下位のものが生き残ることが考えられます。先の例でいえば、一定地域の中にシマウマとライオンがいたとすれば、最後の一頭のシマウマを倒してからライオンが死に絶えるのではなく、シマウマが少数になった段階で広い地域に分散した獲物を捕獲するのが困難となり、ライオンが先に死に絶え、捕食者のいなくなった少数のシマウマがまた増えていくことになります（実際の自然界では多種類の捕食動物がいて、食物網が形成されてさらに複雑です。一例として食物連鎖の上位と下位との関係を示しました）。

個体においても、どんなに強力な筋肉を持っている動物でも、それを制御する中枢神経がきちんと機能しなければ、容易に獲物を取ることができず、生きていくことはできません。

インフルエンザウイルスや赤痢菌は、人間にとって病気を起こすだけで何の益もなく「人類共通の敵として地球上から絶滅」しようとすることにも異見を持ちます。医学の最前線で戦っている科学者や医学者、その関係者、医療体制の不十分な地域で住民のために尽力されている方々に対して尊敬と感謝の念は尽きませんが、前文の「人類共通の敵」と断じて良いものかとの疑問も残りますし、それ以下の「地球上から絶滅」には残念ながら賛同しかねます。

その理由と対処方法が本書の主題ですので次章Ⅳ「生物権実現への道」以下で詳述しますが、先の例でいえば、インフルエンザウイルスや赤痢菌が人類誕生の頃にはすでに地球上に存在していたとするなら、この約20万年間、互いに絶滅させることもなく共存してきたことになります。この共存関係こそが人類と他生物との関係を考える上での基本を成すものです。

ただし、ここでの論点は生物学でいう「生物種間の相互作用」等のことではなく、地球上の全生物種と全人類との関係について、将来を見据えて考えていこうとするものです。

人類は人権思想を得て、これからさらにその普及と試行錯誤を重ねていけば、50年後か10

0年後には大きな争いを収束させ、人類全体が地球上で一体の存在として受け入れられる時に至るものと想像されます。その時、他生物との関係、そして地球における人類全体の存在をどう考えるべきか、その一つの方向を本書では提案していきます。

(2) 生物権の必要性

2022年、地球上の人口は80億人を超えたと推定されました。一人平均60キログラムとすると、4億8000万トンの重量の動物が一品種で地球上を這《は》い回っていることになります(3億8500万トン、2019年との報告も)。

このように地球上で生物の品種が占める量を生物量biomassといい、植物や細菌類が多く、動物の中でもミミズやシロアリも大きいといわれています。恐竜が栄えた白亜紀でも一品種でこれほど重いのがいたのか分かりませんが、地球史上でホモ・サピエンスは最も繁栄した動物種の一つといえます。

しかもこの動物は知恵を持ち、畑地(農作物)や山林(林産物)、家畜や漁業や養蜂まで他の生物を支配下に置いているので、これらを含めると膨大な生物量を有することになります。更に大脳皮質を発達させ、自分の筋力以上に動力を使って物を持ち上げ、地上を走り、地中に潜り、水上でも水中でも行動し、空を飛び、宇宙にまで飛び出すほどの力を獲得するようになりました。これが一体となれば、他の生物から見て生殺与奪、生存か絶滅かの全能を持つ神様のような存在になってしまいます。

しかしこの神様は、いくつかの矛盾を孕《はら》んでいます。まず人類全体では万能の神様のような力を持ったとしても、一人ひとりの人間は他の哺乳類と比べても筋力も弱く草も食べられるわけではなく、出産した子供を長い時間育て教育しなければ一人前にはなりません。自慢の大脳皮質も、いつも自然の摂理に合ったいわゆる正しい判断を下すわけではなく、個人でも国家のような集団でも神様どころか暴君のような、まさに獣にも劣るような行動を取ることが、歴史上も今もそしてこれからも起こり得るでしょう。

別の矛盾は食物連鎖の頂点に立った他の動物と同じように、食べられる動物よりもそれを食べる動物の方が先に絶滅するという見方もあります。狼《おおかみ》は鹿や猪《いのしし》あるいは牛まで襲い、集団で行動して知恵も力もある動物ですが、食べられていた弱い鹿や猪は生き残り、それより先に日本では狼は絶滅しました、無論絶滅には様々な要因もありますが。

人類も食物連鎖の頂点に立ちましたが、農業という素晴らしい手段を見つけて繁栄してきました。しかし、それこそ他の生物を育て収穫して食べなければ生きてはいけません。神様のようにすごい能力を獲得してきましたが、実は食物に限らず他の生物に頼らなければ生きてはいけないのです。

産業革命が興る以前にも人類により絶滅させられた生物種もいたでしょうが当時は耕地を広

げるのも鋤《すき》や鍬《くわ》、したがって人力や畜力に限られ、全人口も10億人以下で地球全体の生物に及ぼす影響力は限られ、人類の手の届かない広大な自然域が保たれ、人による生物種の絶滅は限定的なものでした。

やがて蒸気機関や内燃機関、電力を作り動かすために石炭や石油を地下から掘り出し利用するようになってきました。20世紀に入ると南極を除くほとんどすべての大陸で鉄道や自動車のための道路が延伸されて自然域を分断し、トラクターなど動力農機具により耕地面積を一段と拡大しました。第1次世界大戦を経ても人口を増やし、１９３０年頃には20億人に達して、第2次世界大戦後もわずか15年（１９６０年）で世界の人口は30億人を突破しました。

その後、人類の英知もあって世界を巻き込む大きな戦争もなく順調に人口を増やすとともに、生物種を絶滅させる速度は急速にスピードアップしています。今後アフリカや南アメリカに鉄道や道路が増設されれば更に多くの動物や植物、すなわち生物の品種が絶滅するでしょう。

前章で述べたように基本的人権思想が人類全体に次第に浸透し、その英知が人類の繁栄のためだけに使われるとしたとき、他生物とのバランスを全く考えなくてよいのか、あるいは思いを致すべきなのか、知恵ある人ホモ・サピエンスであれば答えは自ずと浮かび上がるでしょう。

今現在、毎日何百種の生物種が地球上から消え去り元には戻りません。そのすべての原因が人とはいえませんが、大半は人為的なものと推測されます。様々な団体（国際自然保護連合ＩＵＣＮや世界自然保護基金ＷＷＦ）等が警告を発し危機を訴えていますが、もはやこれを食い止める状況ではありません。

80億人のほとんどは普通に生活し、時にゴキブリを踏みつぶすくらいのことはあっても、自分の存在が生物種を絶滅させるとは思っていない方も多いでしょう。しかしながら、文明を築き都市を形成し、一人ひとりが衣食住の十分な生活をするとなると、それらは膨大な消費量となり、残念ながらその生活自体が生物種を一つずつ消失させ、全体としては人類の存在、文明のあり方自体が生物種を絶滅させていくことになります。

では、なぜ生物種の消失はいけないのでしょうか。農業や漁業、林業のように人間に役立つだけの生物種がいれば困らないのではないですか？

この疑問に単なる論理や科学的根拠だけで答えることは容易ではありません。また、多くの方々は生物種がどんどん消えても良いとは考えていないでしょう。ただ、このまま放置していたのでは10年で50万種、１００年で５００万種以上の生物種が地球から失われることになり、これを取り戻すことはできません。地球上の全生物種は５００万から３０００万種とまだよく分かっていませんが、このまま放置すればその大半が失われてしまうことになります。

そこでこの疑問に、前述の「単なる論理や科学的根拠」ではありませんが、無理を承知で2方面から考えてみました。

その一面は人類存在の根拠と意義です。Ｉ－１「地球の誕生と生物の進化」で記述した通り、地球の誕生が約46億年前でその6億年後に生命の痕跡が認められたということは、火の玉だった地球から生命が出現するために水や有機化合物、そして温和な気候など外部環境を整えるのに、6億年を要したということです。更にその単細胞生物が酸素を作って大気を変化させ十分な有機物を満たし、放射線からの防御など環境の改変とともに単細胞ながら生物自体の進化を経て多細胞生物を生み出すのに、約28億年が必要でした。

さて、人類（ホモ・サピエンス）は今から約20万年前、生物誕生から40億マイナス20万年（≒約40億年）後にアフリカの大地に誕生しました。この知的な素晴らしい生物を生み出すのに、万能の神（もしいたら）といえどもこれだけの歳月がかかりました。初めて多細胞生物が現れた時と同様に、様々な外部環境の整備と生物進化の過程とが合わさって、人類の誕生が可能となったのでしょう。

地球が出来立ての頃、まだ大気中に酸素は少なく、シアノバクテリアが少しずつ酸素を増やしました。水中にあった植物は水辺に進出し、やがて地表の無機物を有機物に変えて、新しい植物を生み出す準備を整えてきました。それを動物が食べてあちこち動き回り、無生物の大地を草原に変えました。海も同様に有機物を増やして、様々な生物が生存できる環境を整備しました。

生物はその生存によって地球全体の環境を変え、次の生物種を生み出す下地を作ることを繰り返して今、生命溢《あふ》れる地球にしてくれました。例えばある微生物が今の知識で人類の生存に全く関係なく、あるいは害を及ぼすからこれを絶滅させたとして、何年か何百年後に回りまわって人類の生存を脅かすことになることも全くは否定できません。大気圏を含む地球全体の環境と膨大な生命現象との関わりなどは未だ解明されていませんし、これからも一つひとつの生物種がどう絡み合って全生態系を形成しているのかを読み解くことは、簡単ではありません。

前述の、農作物の品種だけを残しておけば食に困らないかというと、例えば陸生の植物の連作障害と土壌との関係は未だ十分に解明されていないし、土壌中の微生物や有機たい肥の効用等、農作物を育てるためには様々な脇役が必要であり、地球史を紐解けば二次的三次的……と私たちの生命を支えてくれていることが想像されます。そもそも人類の生命維持だけのために生物種が存在すればよいというものでもありません。

とりあえず現段階では、多様な生物の存在は人類存続の必要な要件と考えて対処すべきです。生命進化40億年の最終過程で生み出された人類が、その祖先に当たる様々な生物種を次々と絶滅させていくことは、道義的にも納得しかねるし、人類生存の根本が失われてしまう可能性もないわけではないからです。

他の一面は基本的人権との関係です。人は何人《なんぴと》も生まれながらにして人というだけで諸権利を有しており、これを基本的人権ということとしていますが、その根拠についてはいくつかの意見があって、なお結論は定まっていないように思われます。

この思想が現れた頃のヨーロッパでは、神が人に与えた権利とする考えもありましたが、今では「自然権」という概念の下で自然に備わった権利とする意見があり、国連憲章（前文および第1条）や、日本のように憲法で規定し（11条）国家がこれを保障するというところも多いようです。

さて、憲法といっても国家が決めるものであり、時の政権（および国民の多数）によって変えることも可能です。現に基本的人権を憲法に表記していない国もあり、人類全体の普遍的価値としての意味が薄れてしまう可能性もあります。一方、すべての法は何らかの根拠を持つべきで、憲法でも国民の信認という根拠が必要であり、自然に生まれた定め（法）とか権利とかを認めるべきではないとの立場の人もおられるでしょう。

そこで本書では50~100年先の地球を考える立場から、図6bの統治構造を提案しています。この図の詳細および生物権の定義については次項に譲りますが、基本的人権の根拠と生物権の必要性とについては以下の通りです。

ここでいう生物権とは自然権そのものであって、より具体的かつ明確簡明に定義しています。図6bの最下層の「生物権」とは、地球そのものあるいは地球の自然を意味するもので、権利関係では「生物権」ということになります。人類社会はこの生物権の上に存在し、そこでは基本的人権が付与され、また律されていることになります。

逆にいうと基本的人権により人類一人ひとりが守られ、その人類は生物権を行使することによって、その存在の根拠を有することになります。生物権を行使する主体は「人類全体」であって、客体は人類以外の地球上の生物権を有するすべての生物種、すなわち地球の自然ということになります。

生物権を設定するということは、人類全体を他生物あるいは地球上の自然に対して相対化することとなり、人類全体が一体となることが生物権成立の必須の要件となります。よって、一体となった人類一人ひとりを守り律するのが基本的人権であり、その根拠を成すものが生物権ということになります。

１９４５年以前の人類は国を挙げて戦争に明け暮れて、人類全体で物事を考える状況では全くありませんでした。その後もごたごたは続き、今まさにロシアのウクライナ進攻によって時計を80年前に戻したようです。しかし、第３次世界大戦を経なければ次の時代に進まないほど人類は愚かではありませんから、何とか英知を合わせてこれを終結させなければなりません。

現状がこの程度なのでまだまだ先のことになりますが、やがては基本的人権思想が人々に行き渡り、そしてその時一人ひとりがこの地球上で生きていくこと、すなわち「人類全体が一体であること」との認識に至るのではないでしょうか。繰り返しになりますが、一体となった人類の基盤ともいえる思想が「生物権」となります。

以上、これから50～１００年先を見通し、人類の生存および地球全体の生態系を考察する一面と基本的人権の根拠を考察する一面とから、生物権の必要性を説明しました。なお十分ではありませんので、次項以下で更に詳細な検討を進めて参ります。

6　生物権の定義

地球が出来、生物が生まれ、その後何回か壊滅的な打撃を受けながら進化を続けて、無数ともいえる品種を出現させた約40億年後に、ホモ・サピエンス、私たちが生み出されました。

地下に埋められた生物由来の資源を取り出して利用するまでは、一つの種として他の生物と同等の生存競争が許されたかもしれませんが、それ以降テクノロジーを発達させ、人口を極端に増加させた現在に至っては、他の生物とあらゆる意味で同等ではなく、その立場、扱い、責任、見識、覚悟が人類全体に課せられ、自分たちの存在と役割について考えるべき時期に来ています。

一方、文明社会が築かれ始めて約1万年、様々な歴史を経てようやく「基本的人権」という考えが生み出され、これを人類社会全体に行き渡らせようとする時にも至りました。

文明の発達の現状には非常に大きな格差があり、先進的なヨーロッパ諸国のように２００年も前から人権思想を発案普及させ、今では国境の壁を極端に低くして共通通貨やその他の諸制度を実施している地域もあれば、20世紀前半のまま国境の壁をより高く厚くして頑張っている大多数の国もあれば、国家の体制自体が未熟で、とても人権の「じ」の字さえ言っていられない地域もあります。これから人類社会全体に基本的人権思想を行き渡らせるには、なお数十年、あるいは１００年単位の時間が必要かもしれません。

しかしそれでもなお、テクノロジーの発達は時代をどんどん推し進め、人種別、国別、あるいは地域別に向かうべき方向や考えがばらばらだったものが、今ではオンラインで一堂に会することさえ夢ではなくなってきました。未だに戦火もやみませんが、待ったなしの環境問題も含めて、人類全体、あるいは地球全体の方向、あるいは考えを模索する時を迎えております。

また、前々項で述べた生物進化の中の人類の位置づけと考え合わせて、基本的人権を基礎とする人類社会の更なる基底を成す考えとして、「生物権」という思想に思い至ることになりました。

ここでいう生物権を定義すれば、

「地球上のすべての生物種は人類社会に対して原則として、種を断絶させない権利を有する（人類社会は生物種を絶滅させてはならない）。ただし人類社会に依存する生物種はこの限りではない」

となります。

現代社会の統治構造（図６ａ）と、それから発展させた生物権を取り入れた考えを図示すれば図６ｂになります。この考えの基本は、人類が生存し社会を構成し子孫を継承するには、太陽のエネルギーとそれを受けて地球上の隅々に繁栄する多種類の生物種があり、それを基盤として人類の生存が許されているとする考えに基づいています。

したがって地球全体の将来の統治構造を考えれば、生物権という基盤の上に人類社会が存在し、その上でここ２００年くらいの間に培ってきた基本的人権という普遍的な思想を普及浸透させ、更に地球規模の基準や規律を整備して国家主義を残していけば、すでに先進国では確立されている法治主義、民主主義、三権分立制、選挙制度、それに基づいた統治権を設定して、次の時代の政治的統治構造全体を形成し得るであろうとするものです。

それではまず、本書で扱う生物権における「生物」の定義をしておきます。

かつて生物というと、植物と動物とに二分されていた時代もありましたが、今では5界説（原核生物〈モネラ〉、原生生物、菌、植物、動物の各界）や、3ドメイン説（細菌、古細菌、真核生物の各ドメイン）等の説があるようです。

しかし本書では、生物を人類および人類の影響下にある生物（仮に「人類系生物」とします）と、それ以外の生物（仮に「自然系生物」とします）とに2分します。

本書で扱う生物権の「生物」とは後者の自然系生物であって、一般的には野生生物といえるものです。例えば道端に生えている雑草を一般に野生生物といいますが、ここではこれを人類系生物とし、後に述べるように棲《す》み分けによって区別します。したがって小麦やコメ、トウモロコシやキャベツ、ブドウやリンゴ、栽培キノコ等の農作物、牛や羊等の家畜類、犬や猫等のペット動物、バラやチューリップ等の観賞植物、ヨーグルトやワイン等の発酵微生物、里山の動植物や住宅内のクモやダニ、カビ等は原則として自然系生物の中には含まれません。というか、後に述べるように同じ種であっても人間の住んでいる地域（人類圏）にあればこの権利を持たないし、それ以外の地域（生物圏）に生存していれば生物権を有するということになります。ただし、生物権の生物とは個体を対象とするものではなく、種（品種）を対象とするということを重ねて申し述べておきます。

ここで病原微生物や害虫など、人類にとっての有害生物について一言触れておかなければなりません。

パスツールの細菌発見以来、人類は病原菌から身を守るために様々な努力を重ねてきました。黴菌《ばいきん》そのものを死滅させる殺菌、感染を予防する消毒、体に抵抗力をつける免疫療法、病巣を取り除く外科療法、体内の病原菌を死滅させる化学療法や抗生剤、体に病気に打ち勝つ体力と回復力とをつける様々な内科療法、そしてそれらの仕組みを支える病院や公衆衛生等、地域、国家、更に国際的医療体制など、かつても今も人の命を守り続けている方々に、深く尊敬と感謝の念を抱くものです。

生物権の思想においても人命の尊さは全く揺るぎないものですが、ただ一点、病原微生物だからといって地球全体から根絶するという考えには、先に述べたように賛同できません。後述するように、人類圏での病原微生物や人類にとっての有害生物の根絶を否定するものではありませんが、人類圏以外の地域、すなわち生物圏においては、これらの生物を含めてすべての生物の生存等に、人類は介入すべきではないとする考えです。大気や水域、渡り鳥等の問題で病原体から人類を守ることについて、やや効率は悪いですが、絶滅とは別の対処方法を考究することによって防御は可能かと思われます。

生物権に至る理由について前項で述べた通り、その一面は生物進化の過程における人類と他生物との関係であり、他の一面は基本的人権という思想に根拠をもたらし、より揺るぎないものとすることです。

ただし、これらは生物権成立のための必要条件であって、なお十分ではありません。生物権の成立により人類全体が相対化され、その一体化が醸成されることが十分条件の一つです。SF映画のように攻撃的宇宙人でも現れれば、今やっている戦争もやめて人類一体となってこれに立ち向かうでしょうが、このように外に敵を作って一体化を図るのでは、その原因が消えれば元の木阿弥《もくあみ》に戻ってしまいます。

ここでの一体化は、内発的で理念の整合性がなければなりません。繰り返しになりますが、一体となった人類全体と生物権を有する生物生態系とが、お互いに独立したパートナーとして、天の川銀河の太陽系第3惑星で命を繋いでいきましょう、ということになります。

生物権の定義が整ったところで、更にその実現への道を探っていきます。

IV　生物権実現への道

二つの世界大戦の後、アメリカとソ連を中心とする二大陣営の対立をも平和裏に解決し、人類世界はその後の様々な局地的紛争も大事に至らず乗り越えてきました。しかし残念ながらロシアによるクリミア領有（２０１４）に続くウクライナ本土進攻（２０２２）は、前時代の愚行への反省を顧みず多大な犠牲の末に得た教訓を無にすることになりました。今は戦火が拡大することなく一刻も早く終息することを願うばかりですが、それでもなお人の世が続く限り不条理は付きまとうし、すべての人々が平和と安寧とを享受できる道は遠く、それが正しい道なのかも迷うところです。

それでもI－２「人類の出現と文明の進展」で示した通り、一日の大半を食糧採取に費やした石器時代より、何事も殺し合わないと最終決着がつかない近世以前より、また10年に一度は戦争していた近現代より、生きやすく住みやすくなっていることも確かです。人類の愚行や犠牲は、着実に少しずつ人々を賢くしてくれました。

このような時に地球全体の中の人類の位置付けを考える一つとして、生物権という考えを本書では提起してきました。そしてその実現を探る中で生物権の姿を更に明らかにし、そしてその実現までの方途を考えていきます。

7　基本的人権思想の普及浸透

人は生まれながらにして人種や性別、能力に関係なく人というだけで等しく、個人や組織、あるいは国家やその他の権力から生命や財産を不当に奪われることはなく、尊厳をもって迎えられ、幸福を求める権利が一人ひとりにあるとする基本的人権思想に、文化の兆しが見えてから約５０００年後の現代に、ようやく辿り着くことができました。これは人類の一つの到達点です。

そしてそれを基礎に、あるいはそれを実現するために、法治主義、民主主義、三権分立制、選挙制度を整備し、近代国家が成立してきました。

しかし21世紀を迎えた現在でも、明日の食料を得るために、他との紛争から身を守るために、それどころではないという国や地域が多数あります。また、国民がある程度衣食足りても、あるいは形だけ民主主義を採っていても、真の基本的人権思想に至らないところも少なくありません。

世界で初めて民主制度を打ち立てたアメリカでさえ、19世紀に奴隷解放後も人種差別は治まらず、１９６０年代になってようやく差別撤廃が具体化されました（１９６４公民権法成立）。

日本は明治以降、立憲君主制を採り、天皇を補佐する内閣総理大臣が実質的行政権の長として間接民主制で選挙を行ってきましたが、内政においても外交においても、国家全体としてとても基本的人権が守られているとは思えない行動を取ってきました。

ドイツも第1次世界大戦後ヴァイマル憲法を採用し、共和国として国家権力は国民に由来すると宣言し、理想的民主制を布いてきたにもかかわらず、ヒトラーを首相に選び、人権思想と全く逆な史上最悪といえる蛮行を行ってきました。

21世紀の現在、民主的な選挙を行っている国でも、必ずしも基本的人権が理解されているとは限りませんが、より多くの人がこれを理解しないと次の時代には進めません。貧しく教育も行きとどかない国には、それより豊かな国の人々が自分の財産や労力の一部を削ってでも、基本的人権の思想をできるだけ広く深く世界の人々に浸透させていかなければなりません。

考えてみてください。地球上にこれだけ広く支配的に分布した人類一人ひとりがうまく暮らしていくには、どうしたら良いのでしょうか。宗教に頼り、国家に頼り、組織に頼り、思想や暴力の対立を繰り返してきた歴史を経てようやく辿り着いたのが基本的人権思想であり、これを実現するための諸制度を整えてきたのが最先端の近代国家となっています。

社会自体が未成熟で、富と教育とが全体に行き渡らない国々、宗教の影響が生活全般に強く、政治との分離が十分でない国々、20世紀前半のまま国家主義が最優先の国々など、人権思想を受け入れるにはなお数十年、あるいは100年単位を要するかもしれません。

I－2「人類の出現と文明の進展」で既述したように世界の文明の発展は一様でなく、ある地域・国は文明の最先端を進んでいるところもあれば、未熟で発展途上のままの体制のところもあります。これは発展段階の違いだけでなく、国の特徴あるいは個性と重なるところもあります。生物権を考えるには基本的人権思想の普及成熟が必要ですが、次の時代はこれを待っていてはくれません。先進国は人権思想の普及浸透に努力を傾注しなければなりませんが、それとともに次の時代にも歩み出さなければならないのです。

ホッブズやロック等が人権について論争を戦わせていた頃から300年以上経ち、あらゆる角度から検討され、世界人権宣言が国連で可決（1948）されてから間もなく75年を経過します。この間、人口は飛躍的に増加し、技術の進歩や生活の向上により一人当たりの所得と消費も増え、人類全体が地球全体に及ぼす影響（負荷）は人口の何倍もの勢いで増大しています。人類がまとまって意図的に他の生物を絶滅させせようとすればできるし（天然痘ウイルスはすでに絶滅したとされる 1979）、そうでなくても毎日100種以上の生物種が地球から消えて、その大部分はヒトの影響によるものです。

Ⅰ－1「地球の誕生と生物の進化」で述べた通り、地球は40億年かけて生物進化の果てに、宇宙の原初から地球の隅々、そして自分自身の生存の意味まで深く理解しようとする知恵ある生物、すなわち人類を生み出してくれました。地球を守るというとウルトラマンみたいになってしまいますが、膨大過ぎる人類全体の力をどう制御し、どう発揮すべきか、このまま野放図に成り行きに任せるのもひとつですが、それではホモ・サピエンス（知恵ある人）らしくありませんね。

生物の本質は、Ⅰ－1「地球の誕生と生物の進化」で記述した通り、異化＋同化＝代謝を繰り返して自己の生命を維持するとともに子孫を残すこと、にあります。生命が出現してから今までこの本質を受け継いで、生物種は互いに競い合い地球の隅々までに生存域を広げてきました。40億年後に現れた人類も生物の1品種ですからこの本質を受け継いではいますが、最後の切り札として生み出された生物種「知恵ある人」には、生物の本質を超えた更なるミッション（使命）が課せられていました。

今は、約200年間続いた人類の生産活動の結果の大気や海洋の汚染、生存域の拡大の影響などを修復する方向に関心が高まっています。これを進めるとともに、これと関連して人類出現の根源的理由を考察しなければなりません。やがて一体となる人類に課せられたミッションとは、人類が地球にかけた毀損を修復することだけにとどまらず、40億年間継承されてきた生命進化を維持し助長し展開することにあると本書では考えております。それは地球上に人為的介入がなされない空間を作り、進化や膨大な生命現象を自然に任せるということです。人類のための開発という名のもとに地球の隅々まで開発が進められ、この考えを転換することは容易でないことも承知しています。しかし紛争の絶えない現状ではありますが、やがては人々の知恵を合わせてこれらを終息させ、その時一体となった人類の膨大なエネルギーと英知をどの方向に向けるかをみんなで議論する時に至っており、その一考としてこれらを提案しております。

戻りますが、基本的人権の根拠として、キリスト教圏では神によって与えられた権利とされ、その後自然によって付与された権利とされていますが、本書ではこれを生物権の基盤の上に成り立つ権利として根拠を与えてきました。この定義はⅢ-6「生物権の定義」に記述した通りで、「生物権＝人間以外の生物全体＝地球の自然＝地球全体」を意味します。

すなわち人類社会は当然ながら地球（＝地球の自然）の上に乗っかって、権利関係でいえば図6bに示す通り生物権の上に載っていて、それが基本的人権を形成しグローバルスタンダードに従って国家があり、遡って統治権が確立されますが、翻って統治権者はその権力を行使して三権分立制を守り選挙制度を維持し、更に基本的人権を守り、そして人類全体は生物権を設定し執行するという構図になっています。したがって、生物権を設定することによって人類全体が相対化され、その執行に当たっては人類全体が一つのまとまりを成さなければ実現されません。

基本的人権の第3項、幸福追求権についても一言触れなければなりません。基本的人権の第1項生命権と第2項財産権とについては、現在大多数の国で法令により守られていますが、第3項については、これを守ると同時に限度についても考えなければなりません。このことはⅡ-4（3）「自由権と幸福追求権」に記述した通り現代社会の問題点でもあり不安感でもあります。

基本的人権は国境を超えた世界共通の普遍的価値であり、国だけでの制御を超えています。

また、思想が解放され物資が溢れている現代社会の個々人の幸福追求への欲求は、無限ともいえる広がりを見せています。80億人×無限では制御不能です。

そこで生物権の登場です。人類社会は生物権の上に存在し、そこでの基本的人権ですので、生物権を超えて発現することはあり得ません。すなわち幸福追求権も、生物権という大きな制約の中での権利ということになります。

生物権実現への道の第一歩は基本的人権思想の普及浸透ではありますが、この生物権こそ、人が生まれながらにして有する基本的人権（特に第3項）の重しというか範疇《はんちゅう》を示すものとなります。

幸福の追求と欲望の充足とは似て非なるものであり、Ⅱ-4（3）「自由権と幸福追求権」で明確に区別していますが、更に前者は生物権の範囲内にあり、この思想の主旨に沿ったものでなければなりません。

8　現実的対応

アフリカの大地で生まれた人類（ホモ・サピエンス）は、約20万年かけて地球の隅々まで生息域を広げ文明を展開し、その全体像は今や生物の概念を超えた力と存在感とをもって地球上に姿を現しつつあります。しかし巨大な力（筋肉）を持つものは、これを制御する知恵（神経）をも持たなければ、他に被害を与えるばかりではなく自らも滅ぼすことになります。

その知恵の一片として、生物権という考えを縷々《るる》述べてきました。これを実現し、より良い人類社会と地球全体とを構築するために、次の2項目を提案します。

(1)　棲み分け

人類は発生の当初から、生存に必要なほとんどすべての物資を野生の生物から得てきましたが、今や食物と繊維（化学繊維は別として）の大部分を農耕と牧畜とで得ており、残る海産物と木材も、将来は養殖と人工林とから得る方向にあるものと考えられます。今後の技術進展の方向を栽培や養殖等に定めれば、野生生物から食糧等を得なくとも、人類の生存に大きく影響することはないように思われます。

そして生物権の主旨を貫くには、人類と他生物（生物権を有する生物）との混在状態を脱してこれを分離し、人類の生存域（人類圏）と野生生物（生物権を有する生物）の生存域（生物圏）とに分けることが、選択肢の有力な一つと考えます。

現在、毎年4万種以上の生物種が地球上から消えているといわれており、これを防ぐためにＩＵＣＮ（国際自然保護連合）やＷＷＦ（世界自然保護基金）をはじめ世界中の人々が懸命に努力されております。しかしこのままでは人為的な種の絶滅を防止することは容易ではなく、したがって生物権の主旨（生物種を人為的に絶滅してはならない）を実現することは困難です。

そもそも人類と野生生物とを混在状態にするということは、飼う／飼われる、保護する／される、支配する／される、の関係になって生物権の主旨にそぐいません。生物権の主旨は人類全体と生物権を有する生物種全体とを対立関係に置くのではなく、「互いに独立して地球上の未来を歩く同行者」と位置付けて、主旨の実現を図ろうとするものです。

産業革命以前の生活では、我々人類は衣食のほとんどを農牧または野生の動植物から得ていました。道路や家屋も天然の石や木材ですし、食物の煮炊きや暖房、陶磁器やレンガや銅・鉄器等の製造に要する火力も、例外的に地表に露出した石炭等の利用もありましたが、ほとんどは樹木や家畜糞《ふん》の燃焼でした。人力以外の動力は畜力、風力、水力くらいで、すべてにわたって地球の表面から得られる自然のもの、すなわち太陽から得られるエネルギーで生活していました。

これに対して現代人が生活するということは、まず上下水道、電気、通信、ガス等の埋設物が必要ですし、道路、鉄道等の人や物資の輸送基盤と陸海空の輸送手段、家屋や調度品、衣服や洗剤にも化学物質が含まれ、多くは自然の素材ではなくなってきています。

人が生きるために必要なエネルギーは一日約３０００キロカロリーといわれていますが、その何倍ものエネルギーを費やして生活しています。自然を分断するだけでいくつかの生物種が死滅するといわれているので、自然の中に街を造って人が居住するとなると、その地域の固有の生物種はいくつか絶えてしまいます。

今でも人類は地球上に広く分布していますが、更に隅々まで生息域を広げ現代人としての生活をするとなると、別に生物種を絶滅させようとする意図がなくてもその存在だけで、何百種類か何千種類かの生物種を死に絶えさせることになります。

したがって生物権を実現するには、この地球を生物圏と人類圏とに棲み分ける必要があります。生物権とは生物圏に通じるものです。

地球を大きく生物圏と人類圏とに分け、人間は人類圏で生存し原則として生物圏に入ることを禁止します。石油が採れるからとか、温泉が出るから、見晴らしがいいからといって入ることはできません。人類圏では基本的人権を基盤に、政治的にも経済的にもあるいは文化的にも活躍し、宇宙へも進出し、人それぞれの幸福を求めて生きていこうではありませんか。ただし、棲み分けても大気や水域の流れは止められませんので、人類への影響も含めて今以上に汚染防止に努めなければなりません。

生物権を執行するのに、なにも棲み分けまでしなくても混在状態でも実現できるのではないかとの意見も聞こえてきそうですが、それでは実効性に疑問が残ります、今のところですが。

したがって、原則として人間は他生物との混在状態を避けて人類圏で生存し、一方で生物圏を設定して、この圏内に生息する生物は生物権を有することとした方が合理的で実現性があります。人類圏での他生物は、生物権が対象とする生物ではない（生物権を有しない）ので、絶滅させるも保護するも、そこにいる人の意思あるいは時の政策等によって決めればよいことになります。

生物圏においては航空機の空域利用も制限されるし、船舶の水域利用も制限されるべきです。学術調査および産業革命以前の生活をされている住民の方々は、原則として生物圏へ入ることを許されるべきと思いますが、更に検討を要します。

生物権の考えは、生物を人間が保護したり品種の絶滅を敢《あ》えて防ぐということではなく、人間が関与しない区域を作り、その中の生物が人間の影響なく生存、または死滅を自然に任せるということです。聖域（サンクチュアリ）という言葉に実態は近いですが、基本的には最も新しく地球上に現れた人類が、先輩にあたる他生物に対して「共に生存しましょう」という考えですし、法的あるは規範としての権利が生じます。したがって生物圏という圏域を設定し維持することにはなりますが、そこの生物を保護したり管理するということではありません。

それでは生物圏をどこに設定するか、100年も先の話ですので前項の趣旨に照らしてみんなで考えていくしかありませんが、しかしそんなにゆっくりもしていられません。きょうも100種類以上の生物種が地球上から絶滅しています。

そこで原案の原案として、生物圏の具体案をⅣ-10「想定し得る地球機構」に示しました。およその目安として地球表面積の3分の2を人類圏、残りの3分の1を生物圏とすることになります。

(2) 人口問題への対処

2022年に世界の人口は80億人に達しました。Ⅲ-5(2)「生物権の必要性」の章で述べた通り産業革命以降、人口はそれまでの時代に比べて等比級数的に増加し、それが人類社会に発生した様々な問題の直接的・間接的、あるいは背景としての原因となっています。

この人口問題に対して、かつて限られた地球の有限の資源を、人類は人口を増やして小さく分け合って暮らしていくのか、人口を抑制して一人ひとり豊かに暮らしていくのかの選択に迫られているという報告もありました(ローマクラブ「成長の限界」1972等)が、世界の人口は意図的に抑制したり増加したりするものではないように思われます。

しかし無限に増加しても良いということではなく、適正な教育と生活に困窮しない程度の経済的基盤とが見通されれば、一定の範囲内で上下しながら推移していくのではないかと考えられます、少々楽観的ではありますが。

現行制度の問題点等についてはⅡ－４「現行制度の問題点と不安感」で述べてきましたが、それとは別に、市井に暮らす現代人は先進的なところもそうでないところも、貧困、犯罪、格差、失業、ストレス、不安、災害、病気、老後、不正、汚染、権力争奪、男女関係、上下関係、偏見等々、様々な問題を抱え、一つ解決すればまた二つと、大脳皮質を発達させ感情や精神活動が活発になり過ぎた人類にして当然といえば当然ですが、悩みは尽きません。

原因は無数に指摘されますが、急速な人口増加も遠因の一つとして考えられます。産業革命以降急速に増加した人口の大部分は、農山村に広がるのではなく都市部に集中しています。その結果、昼間は多数の人が集まる職場等で活躍し、夜は集合住宅や密集した住宅街に帰り、休日も人の多い繁華街や遊園地で過ごすのでは、ストレスも溜《た》まるし、人との関係が濃すぎて変調をきたす人も中には出てくるでしょう。

たまには人の少ない海辺や山野に行き、広大な景色や動植物に接することもあった方が良く、人類誕生20万年のうち19万５０００年くらいはそのような生活をしていたのでしょう。自然に接することが普通なので、そうすることが楽しいと感じるように、遺伝子のどこかに組み込まれているのではないでしょうか。

更に大切なことは子供の養育です。人はお母さんのお腹にいる時間も長い方ですが、誕生後の教育期間は更に長く、昔は15歳くらいから働かされていたものが、テクノロジーの発達した現代では、30歳近くまで高度な教育を受けなければ一人前でないような感を持ちます。それでも、それだからこそ、幼児期における自然と接する教育というか、時間が必要ではないでしょうか。この場合の自然は本書でいう生物圏ではなく、人類圏の中の、例えば国立公園のような自然を指しますが。

経済的理由から、都市への人口集中はこれからも続くでしょうが、人が健全に暮らすためには公有地または私有地にかかわらず、一定の占有地を有することが望ましく思われます。土地の占有は、東洋でも西洋でも古代から治世の重要なテーマであり、現代においてもそれは変わりません。かつては農業生産という経済的側面がありましたが、現代では普段の住居は市街地にあっても、郊外に各自一定面積を占有することができれば、安らぎや安心感など心理的なゆとりが生まれ、ぎすぎすした人間関係が緩和されるのではないでしょうか。そして幼児期に触れる植物や小動物、石ころや水の流れは大脳の深部に何か良い影響が残り、安定した人間関係、また穏やかな社会が持続するように思われます。

ただし80億人のすべてに土地の占有を許すとなると、ヒマラヤ山脈の天辺《てっぺん》から南極大陸まで地球の全陸地を分割しても、一人当たり18平方メートルくらいとなり、とても実現性のある話ではありません。前項での人類圏と生物圏との棲み分けの問題とも併せて、これからの時代、人口の増加とその偏りそして土地の占有、加えて自由時間の増大とについて、更に深く社会全体で考えていかなければなりません。

さて、20万年前にアフリカに生まれたホモ・サピエンスは、5万年前にはヨーロッパ、アジア、南北アメリカ、オーストラリアに広く分布し、地域に定着して人種の違いが表れてきました。5万年くらいの間に体つきも考え方もこんなに違ってしまうのかと、やや不思議に感じますが、元々は単一の人種といわれています。

1万年前には各地で農業が始まり、5000年前には文明の黎明《れいめい》期を迎えました。この時代の人間を、赤ちゃんの時から現代の生活の中で育てて教育すれば、現代人と同等の能力を発揮することになるのでしょう。5000年前と今と、人間は「大して変わらない」といえます。

そして、これから50年、100年先はどうなるでしょうか。足の不自由な人に義足が改良され、耳の不自由な人には内耳型補聴器が造られることは、老齢化に伴って誰もがお世話になることでしょう。

それでは、バイオテクノロジーとナノテクノロジーとの発達によって、脳細胞と同じくらいの大きさの組織親和性のあるマイクロチップが出来たとしたらどうでしょうか。初めは事故等で脳組織の欠損部分を補うものとして使われていても、やがて健康な人の大脳前頭葉に組み込まれ、そしてそれが外部と交信でき、スーパーコンピューターとアクセスするとなると、もはや「大して変わりない」人間とはいえなくなってしまいます。人類全体が一体として神ともいえる存在になることはあり得ても、その一人ひとりが神様になってはいけません。様々なテクノロジーの発達はそれぞれの効能と共に危険をも孕んでいますが、殊に脳組織の人工的加工や人体の遺伝子や生殖細胞への操作等については、今から根拠のある議論をしっかりとしておかなければなりません。

20万年続いたホモ・サピエンスが途絶えて新たな人類を出現させることは、今のところ受け入れ難く、教育を含めて対応しなければなりません。テクノロジーがどんなに進んでも、石器時代も現代も５００年後も「大して変わらない」人間であることを期待して話を進めます。

さて現実を見ると、先進国では国民の所得水準は高くても出生率が下がって、国を挙げて人口を増やそうとしているところもあります。なぜ人口を増やさなければならないのかですが、生まれる子供の数が減るとその国の年齢構成が変わり、年寄りが増えて国の負担が増え、労働人口が減って税収も減り、経済全体も衰えてしまいます。結果として国力全体が弱体化して、元気のいい隣国に対して格差が生じてしまうということが理由の一つです。

この原則を適用すると、競争原理によって世界のどの国も競って人口を増やし続けることになり、これはこれで問題です。

産業革命以前は、食糧生産の限界と疫病とが主な人口の抑制要因でしたが、現代ではこれがある程度取り除かれ、一方的に増えるように見られます。しかし一部の先進国のように政治的、経済的、あるいは社会的条件の下に人口が減少することも現実にはあります。一般的には社会経済および文化等の熟度が増すと人口は低減傾向に入り、それ以前の発展途上の国等は増加傾向にあるように見られますが、そのような時系列的な見方だけではなく、各国それぞれの状況、あるいは個性として受け止めることも肝要かと思われます。

国家単位の人口については、

①国家間の経済的、軍事的、あるいは人口的格差は国民全体の関心事であることは認めますが、これだけに注目していると、どちらが優勢になっても、いつまでも対立は深刻になるばかりです。「共にこの地球上で生きていきましょう」とする人権思想が広く行き渡り、国際的な監視の中に置かれれば、互いに攻め合うこともなくなります、またしても楽観的ですが。人口が多いも少ないも国家の個性の一つであり、こんなことで張り合うよりはスポーツや楽しさで競いましょう。

②人口の多寡を政策に取り上げる国は、歴史的にも現在もさほど珍しくありませんが、産むか産まないかは家族や夫婦、特に女性の、極めて個人的問題としても捉えなければなりません。そして出産後の赤ちゃんに対しては（出産時の対応も含めて）、我々人類の継承者ですから、その養育等について家庭内に任せるだけではなく、社会全体の出来事として受け止めることが現代に即しているのではないでしょうか。前述の文化等の熟度との関係を踏まえて、想定する国の人口幅をより広く取り、政策を立案されることがより良い方向かと思われます。

一国の政策はそれとして、世界人口の増加は基本的人権（特に第3項の幸福追求権）の普及浸透に伴って、より複雑な問題を含んでいます。このとき、生物権という思想を基盤に考えることも必要になってくるのではないでしょうか。

今現在、食糧も乏しく幼児の死亡率も高い、いわゆる貧困地域が世界中には数多く存在し、その支援に直接従事されている方々、また遠方からでもいろいろな機関を通じて経済的、あるいは精神的援助をされている方々に対して共感するし、敬意を表するところです。

そこで言い古されたことですが、食糧（その生産手段も含む）や安全対策と同時に、教育もセットで支援されることを提案いたします。その教育の一環として、幼いすべての子供たちに、「あなたはいくつかの権利を持ってこの世に迎えられました。これから教育を受けて、私たち人類というグループ（構成員）の一員になってくださいね」

という意味の一言を、算数や国語を教える最も初期段階に、世界共通の教育事項として加えられることを望みます。

権利とは当然基本的人権であり、たとえ現に争いの最中にあっても周囲の大人を含めて人命の尊さを認識し、やがては人類社会の一員としての意識が芽生えてくるでしょう。そして現代社会を生き抜くための技能や知識を習得し、社会の構成員となれば、幸福追求のための数多くの選択枝が広がり、男も女も自分の一生を見通すこともできます。更に地球全体や人類と生物との関係が知識の中に組み込まれ、自分にとって何が幸福かを考える余裕も生まれてきます。

これには援助も必要ですので、世界中の心ある方々に、次の時代のより良い人類社会の構成員を育てるために、ご支援をお願いするばかりです。

世界の人口は全体では増え続けていますが、増え方は一様でなく、国家間関係、教育、貧富の差、宗教等が大きく影響しているように見られます。地球上の人口をどの程度にすれば良いのかという議論もありますが、一国の人口と同様に（あるいはそれ以上に）政治的に安易に決めて誘導すべきものではなく、出産する子供の数は個々人、特に女性に大きく委ねられるべきです。

ただし人類全体の一体化を見通す中で、前述の通り世界の人口は振幅しながら推移するとしても、大まかな範囲を想定することは必要でしょう。真面目に考えればキリがありませんが、何の根拠もないものの、大まかに地球全体で50億～100億人程度の範囲であれば可とし、この範囲を超えると予想される時には、世界の人々に知らせて個々人の関心を高め、対応を促すことも必要でしょう。

宇宙開発も進みますが、これから100年くらいの間に、ある程度の人口を他の惑星や宇宙空間に移すほどの進展は考えられず、地球の範囲内で考えなければなりません。人口問題に限らず国のことは国で考えなければならないし、地球のことは全地球人の知恵を合わせましょう。

21世紀の前半の今、75年以上世界を巻き込むほどの戦争はなかったとはいえ、なお各国の国境の壁は高く、現に戦争状態の地域もあって、とても人類全体で物事を考える余裕はないようにも見られます。しかしながら人権思想は遅々としながらも徐々には浸透し、先進ヨーロッパのように国境の壁を極端に低くしている地域もあります。

一方で我が地球には、我々人類以外に大先輩である微生物から霊長類まで様々な生物が命を繋いでいます。これを敵ではなく権利としての対象者として位置づければ、人類全体を相対化して見ることもできます。基本的人権が人類全体を貫く思想とすれば、生物権を設定することによって、地球全体に芯を通す思想を形成することとなります。

私たち人類は、道路を延ばして街を造ることもできます。南極や北極の氷を溶かすこともできます。大地を農薬だらけにすることも、海や大気を汚すこともできます。あってはなりませんが核兵器をぶつけ合って地球を核汚染することもできます。80億人もの人間の力をどう受け止めるのか、その根底を成す思想の一案として、本書では「生物権」を提案してきました。その本質は一体となった人類の対象者を想定し、その対象者から見る見方を参考に、様々な思考を重ねていこうとするものです。

対象者とは「生物権を有する地球上の全生物種」で、意思もなければ実態もはっきりしませんが、一体となった人類と共に地球を生き抜く同行者です。彼（あるいは彼女）から見て、人類一体の振る舞いや向かう方向が、相手として相応《ふさわ》しいか、共に歩んでいけるのか、の判断を参考にするということになります。

意思もなければ実態もはっきりしない対象者ですから、誰かがその代理人を務めることになります。パートナーに愛想を尽かされませんように、道路を伸ばす時も石油を燃やす時も、考えながら行いましょう。一体となった人類の一人ひとりはホモ・サピエンス（知恵ある人）なんですから。

話がますます誇大妄想的かつスローガン的になってきましたが、諦めないで付いてきてくださいね。

9　国境の壁を低くして次の時代へ

地球上では海洋と南極大陸を除けばすべて国家に分割され、その境目に国境が設定されています。20世紀の前半までは、この国境を隙あらば武力によってでも押し広げようとしていました。ヒトラーは「国土（拡大）のために血を流すことは最も崇高なことである」と言ってユーゲント（国家の青少年団体）を鼓舞していましたし、他の国でも多かれ少なかれ同じようなことが行われていました。

第2次大戦後も「鉄のカーテン」が引かれ、各国とも自らの権益を最優先に人や物の移動を制限し、その他多くの障壁を設けて国境の壁をどんどん高くし、東西の接点であったドイツでは実際に分厚いコンクリートの壁が構築されました。

それもやがては撤去が始まり（１９８９）、17世紀以来世界の先端を行くヨーロッパでは、マーストリヒト条約（１９９１）を成立させてヨーロッパ統合への道を開き、共通通貨ユーロを導入し（１９９９）、更にノーベル平和賞にＥＵ（ヨーロッパ連合）が選出されたことは（２０１２）、国境の壁を低くして平和を希求するこの地域の人々への敬意溢れる受賞でした。

30年戦争後に、協議によって国境を定めたヴェストファーレン条約締結（１６４８）の頃から、植民地争奪で世界中に迷惑もかけてはきましたが、ヨーロッパ地域が政治制度や国家関係において、世界の先端を走ってきたことに間違いありません。

それに引き換え、世界ではまだまだ国境の壁は高く厚く、国家主義にどっぷり浸《つ》かってそこから抜け出そうとしない国々も多々あり、民主主義の最先端を歩んできたアメリカでも分断が進行し、ひと戻りしているようにも見られます。

国家の成立についてはⅡ－４（１）「国家」で述べた通り、初め防衛的に引かれた国境線も軍事力の増強に伴って攻撃的となり、文明の始まりから約５０００年の大部分、対立する問題の最終的解決には殺し合うこと、すなわち戦争することしか決着する手段は見つけられませんでした。

中世代以降小国家の独立により国境線が入り組み、数多くの民族と国家権力とが複雑に絡み合ってきたヨーロッパでは、何回もの集団間の紛争（戦争）を経て、17世紀に入り話し合いによる国境線の画定（条約の締結）等、殺し合い以外での問題解決の手段が考え出されてきました。しかしその後も何回も戦争は起こり、歴史は良い方向だからといって、一直線には進まないことを示しています。

21世紀を迎え人権意識も浸透し始め、国境線も大方確定し、貿易量の増大による経済的相互依存の割合も高まり、更にインターネットを含む通信手段の発達により国境を越えた組織間、そして民衆レベルでの情報交換量は飛躍的に増加しました。オリンピックやサッカーワールドカップ等で世界の一体感は更に高まり、国際連合をはじめとして海洋、航空そして宇宙での世界的取り決めからマグロの取り方に至るまで、様々なグローバルスタンダード、グローバルガバナンスが強化されて行き渡ってきました。

今や国家間で攻めたり攻められたりする時代は過ぎ去ろうとしているところに、ロシアのウクライナ進攻です。中東、アフリカ、アジアのいくつかで実際に紛争が起こり、係争中のところも残っている現在、常任理事国には世界のゴタゴタを抑えるために強大な権力が与えられているのですから、プーチンロシアさん、本書ごときに突っ込まれないようにさっさとスマートに解決して、これらの国の範としてくださいね。

経済格差や移民流入等、新たな問題も顕在化していますが、それはそれで解決しながら、これからの時代、国境の壁を互いにひょいと飛び越えられるくらいに低く薄くするように知恵を出し合わなければなりません。お互いに攻めたり攻められたりすることがなければ、壁を高くする必要はなくなります。

経済力や軍事技術は、格差はあっても国を特徴付ける力はありません。一方、文化はその国によって歴史、地域性、民族性、言語、風土や食べ物に至るまで異なり、他国との交流（植民地化も含む）や時代の進展に曝されて変化はしても、簡単に個性を失うことはありません。国境線を明確にしながらも、文化など互いに尊重し合い認め合って、人類として共通の目標に向かうべきです。

Ⅱ‐4（4）「文明の発達と多様性の維持」で示した通り、文明の多様性を維持する上からこれからも国家の存在は必要であり、平和が見通されれば本来一国としては異質な地域が独立することも可能であるし、国家の数はむしろ増えても然《しか》るべきと思われます。アメリカは建国の時から国家stateの集合体であると宣言しています。

やがて大量破壊兵器が世界的に管理され、国家間の諸問題が戦争以外の方法で処理される仕組みが更に整えられていけば、それは一つの到達点であり、その時ようやく人類全体が一体となり、人類以外の共通の対象物であるその他の生物に関心が向かい、その先に「生物権」の思想が浮かび上がってきます。

もう一度図6aを見てください。現代の人類社会は、国家関係および世界基準をベースとして国家を成立させ、国家単位の中で進歩的な国は基本的人権という思想を基に民主主義の方法によって統治権を確立してきましたが、この図は翻って統治権者が基本的人権を守ることによって健全な人間社会が維持存続されることを意味しています。すなわち今日の統治権者はその権力をもって国家を安寧に維持し、結果として健全な人類社会を形成する責務が課せられていることと解されます。

さて、基本的人権の思想が更に浸透し国境の壁を低く薄くして、人類全体が一体となるには何が必要でしょうか。前述の通りこれからの時代、科学技術は一層進展し人類全体の教育水準は向上して人権思想の浸透が進み、国境の壁を低くすることにより人類全体が一体化する方向にはありますが、その根拠および背景を成す思想については十分ではなく、思索すべき時期に来ています。

それには今まであれこれ述べてきたように、現代に至り人類の地球全体に及ぼす影響はあまりに大きくなり、人類とそれ以外の生物、すなわち地球全体とを分けて考えることが必要で、そのことによって人類全体を相対化して見る視点を持つことが可能となります。そして地球全体と人類全体との関係を考察した結果、生物進化の最終過程で現れた人類の果たすべき役割の一つとして、生物権の思想を提案すべきという帰結に至りました。

繰り返しになりますが、人類は遠い将来一体になる方向にあり、その根拠となる思想が生物権であるということになります。一体となった人類を統べるのが基本的人権であり、その根拠と意義とを支えるのが生物権ということです。

生物権を具現化する具体案として、地球機構（Global Organization, GO）を構想しました。ＧＯの主な役割は生物権を確立し執行すること、すなわち生物権を具体化・実現化するための生物圏の設定および維持管理となりますが、人類社会への最小限の関与として、①同行者としての人類社会への提言、②国家間調整、そして③大量破壊兵器の管理を担うことになります。

ＧＯの詳細は次項といたしますが、次の時代の統治構造を図６ｂに示しました。地球全体は生物権という大きな枠組みの基盤があって、その上に人類社会が存在し、基本的人権という思想がこれを貫き、世界基準の上に国家またはそれに準ずる地域が載り、法治主義、民主主義、選挙制度、三権分立の制度の上に統治権を設定します。地球機構GOは緩やかに統治権者を結び付け統御します。文化活動と経済活動とは今よりずっと地球規模となり、統治構造と独立しながらも密接な関係を保って活発な活動を繰り広げていくことになるでしょう。

生物権の確立を具体化するには生物圏を設定し、これを運営するために地球機構GOを組織することになります。繰り返しになりますが、生物権を設定することによって人類社会を一体として見る視点が生まれ（平和の構築）、その一人ひとりは互いの尊厳を認め合い（基本的人権の普及）、世界基準の下に国境の壁を低くした国家はそれぞれ経済や文化を競い合い、科学技術の進展に伴って一人ひとり豊かな人生が約束されそうな人類圏に対して、地球上にはこれとは別に、広大な手つかずの大自然である生物圏が存在するということになります。

まるでユートピアみたいですが、そう単純には行きませんね。新たな対立や成長するための苦しみや葛藤は、人が生物である限り今と大して変わりなく、今よりは少し進んだ時代になれば良しとしなければなりません。

地球機構GOの主目的は生物権の維持管理にあり、副次的に最小限の人類圏への関与として、人類社会への提言、国家間調整（司法権）および大量破壊兵器の管理とを担います。したがって国家内の問題はその国で解決しなければならないし、時に紛争もあれば通常兵器での戦争もあり得ます。ただし殺し合う以外にも司法判断等の選択肢があるということを示しています。

また、現在の国際連合ＵＮとの関係はこれを包含する方向にあるかと思いますが、更に検討しなければなりません。

一方で国境の壁を低くして人類を一体化するとなると、地球全体を一つの国家、あるいは世界政府や地球連邦とすることを想起させますがそれとは異なり、遠い将来は分かりませんが、ここでは地球全体の政治的な統合は想定していません。国家の成立には様々な要因があり、約1万年の人類史の中で、10の国は10通りの、１００の国は１００通りの発達段階にあります。

本書ではヨーロッパの先進性に度々言及してきましたが、一方の国の制度や国体が優れていたからといって、他方の国にこれを指導したり誘導したりすることとは全く相容《あいい》れません。国家の独立や内政不干渉の原則に反し、多様な国家群をこの地球上に包摂しようとする本書の考えとは真逆の方向となります。歴史的に見ても現存の国家の首長を見ても、地球全体の執行権を単数者または少数者に委ねることは、リスクが大き過ぎるし必要性も低いように思われます。

40億年の経過を経て、地球の隅々に生物は生存域を広げてきました。この生存域に全く制限はなく（「自由に」という言葉が適切か？）、生きる能力さえあればどこでも生きられることになりますが、唯一の制約が太陽光（熱も含む）です。太陽光がなければ生物は生まれなかったし、制約でもあると同時に生存の根源でもあります。

人類の生存を生物生存の仕組みと同様視してはなりませんが、ヒトは両親・親族の中で生まれ、長い歳月の養育と教育、すなわち「社会の揺りかご」を経て人になります。「野生のエルザ」のような自由（といえるか）は元からなく、社会の制約の中の生き物です。

長い歴史の中でこの制約を、まるで火薬を硬い筒の中にどんどん詰め込んできたかのようにしてきた結果、近世ヨーロッパでは爆発（＝革命）の威力も強くなりました。今21世紀、人類社会に対しては基本的人権、地球全体に対しては生物権の2点のみを課して、そこから派生する様々な制約はあるものの、幸福を追求する人々と彼らが構成する多様な国家群とがちりばめられ（人類圏）、一方で人類支配の及ばない広大な土地、海洋、そして空域（生物圏）が広がっていることになります。

少し大げさですが、生物界にとっての太陽と同様に、人類界にとって基本的人権と生物権とが太陽となり、それらは人類存在の根源でもあり制約でもあります。

10　想定し得る地球機構

今まで述べてきた通り基本的人権思想が普及浸透し、その根拠とも制約ともなる生物権が認知され、これを具現化するために今から50から１００年後を想定して地球機構Global Organization, GOの試案を考えてみました。

ＧＯ設立に当たっては、各国（または地域）ごとに各1名で構成される「ＧＯ設立準備委員会」（約２００名）およびその事務局を設け、委員会ではまず生物権を承認した上でＧＯ設立の具体策を検討し、事務局において実施します。

それではその具体策の原案ですが、ＧＯは生物権を実現し実行する組織ですのでこの機構の対象とする分野を次に示します。

①まず生物権の執行であり具体的には生物圏の維持管理になります。また生物権の普及、改良、深化するための教育研究機関を付設することとします。第二にＧＯは地球全体に対する行政的執行権は有しませんが、①以外に付属的に人類社会への貢献として、

②生物権から人類社会への提言

③国家間調整（司法判断）

④大量破壊兵器の管理

となります。

組織は議決機関である①院会、その議決事項を執行する②執行機関、およびその裏付けとなる③人事と財源、とで構成されています。院会は地球院と執行院の2院制とし、前者はGO設立時の構成員で主にGOの基本条項及び対象分野の②生物権から人類社会への提言、③国家間調整（司法判断）について検討・討議します。後者は主に対象分野の①生物圏の維持管理（生物権の執行）、④大量破壊兵器の管理の執行に関する議決を行い、執行機関の長の人事および予算に関する権限を持ちます。

それぞれの詳細については、巻末の「**地球機構試案**」に示しました。

今2023年、10年前に比べれば自動車もコンピューターもずいぶん改良され、宇宙への進出も目覚ましく、もしこれが100年経ったらどれほど飛躍しているでしょうか。物質文明の発達は個人の想像を遥《はる》かに超えていることでしょうが、頭脳や身体は農耕を始めた頃の人も現代人も100年後の人も大して変わっていないことを、切に望みます。いずれにしても人類の地球全体に対する存在感、影響力、実行力（あるいは破壊力）等は、今より遥かに強く脅威ともいえることになっているでしょう。

力の強い生物はそれを制御する知恵と神経とを持たなければ、他と共に自らをも滅ぼしてしまいます。地球は今まで何回も生物絶滅を経験しているので、すべてを滅ぼしたとしてもそれでもまた蘇《よみがえ》るでしょうが、40億年を経てやっと生み出してくれた知恵ある生き物＝人類がここで知恵を発揮しなければ、40億年の時を無にするし、日本風に言えばご先祖様に申し訳が立ちません。

民主化への歴史を見ても、革命を起こして王権を倒し、また行き過ぎて帝政に戻り、また共和制を打ち立てと、右と左、理論と感情、柔軟と硬直、行きつ戻りつしながらも民主化へと進んできました。20世紀に入ってもヒトラーもポル・ポトも蛮行を振るい、こんなに文明が発達した21世紀になってもテロは起き、原発は爆発し、ロシアはウクライナに侵攻し、パレスチナに戦争が起きました。

肉食獣は他の動物（多くは草食獣）を殺し、自己の生存と子孫を育てますが、同じ種族で殺し合うことはほとんどありません。そのような種があったとしても、何世代も経ないうちに地球上から消え去ってしまうでしょう。

人類は大脳皮質が発達しすぎたためか、残念ながら何世紀にもわたって同種で殺しあってきました。しかしこれだけ地球上に繁栄しているということは、脳の奥底に同種で殺し合うことの制御、嫌悪、忌避が働いていたことであろうし、それ以上に他を思いやる愛情、尊敬、慈しみ、仁や義、神と信仰を経て、約２００年前頃から基本的人権思想が人類全体に広がり始めました。

これを書いている今日は２０２３年11月11日。アメリカのバイデン大統領も、モンゴルの女学生も、ベルギーの宝石泥棒も、オーストラリアのおばあちゃんも、明日11月12日は等しく誰もが迎える地球（あるいは宇宙）史上初めての一日です。どんなに詳しく歴史を知っている人でも、明日は何が起こるか誰にも分かりません。しかし、何が起こったとしても物理的、化学的、生物学的な枠を超えることはあり得ません。人類全体が望むべき方向にジグザグしながらも進んでいくはずです。その方向とはどっちの方向でしょうか。

本書では生物権という考えを提案し、人類全体を一体として捉え、進むべき方向を試案として記述してきました。文章も我ながら稚拙で論理の構成も拙い中、よくぞ最後まで目を通してくださいました。各方面からのご批判を甘んじてお受けするとともに、少しでも地球、生物、そして人類の未来を考える材料としていただければ幸いです。ありがとうございました。

地球機構　Global Organization（ＧＯ）　試案

前文

人類（ホモ・サピエンス）は、約40億年の生物進化の最終的な生物種として約20万年前にアフリカ大陸に出現しました。象のような力もなく、トラのような牙もなく、牛のような胃袋も持たないながら、大脳皮質を極度に発達させて地球の隅々に分布し、道具を使い、農業・牧畜技術を創出し、各地で言語と文字を発達させ、集団による国家まで形成して文明を築き上げてきました。

それでも畜力や風力以外、自己の力だけで生きてきたものを一変させたのが、かつて生物が地下に埋蔵した石炭や石油、その後ウラニウム等の地下資源を掘り出して自己のエネルギーとしたことです。これにより人は巨大な都市を作り、海を渡り、空を飛び宇宙にまで飛び出し、二度の世界大戦を経てやがて人類が一体として地球上に出現することになるでしょう。

地質年代を人新世とするほどの影響力持つ人類は、宇宙的にもかけがえのない地球上の生物全体に対して、自身を生み出してくれた畏敬と責任の念を具現化すべき時を迎えています。

今から３００年ほど前、産業革命の興隆と前後して、国家と人民、人の生きる権利との関係が論考され始め、やがて基本的人権思想へと辿り着きました。残念ながら未だに世界に行き渡ってはいませんが、この思想を普及浸透させるとともに、待ったなしに進む物質文化に契合した「生物権」の思想を実現すべく、本「地球機構　ＧＯ」を提起します。

２０２３年11月11日

生物権の定義

地球上のすべての生物種は人類社会に対して原則として、種の保存の権利を有する（人類社会は生物種を絶滅させてはならない）。ただし人類社会に依存する生物種はこの限りではない。

対象分野

１　生物圏の維持管理（生物権の執行）
２　生物権から人類社会への提言
３　国家間調整
４　大量破壊兵器の管理

組織

１　院　会

地球院と執行院の２院制とする。

地球院

主にＧＯの基本条項と対象分野の「２　生物権から人類社会への提言」及び「３　国家間調整」に関して検討議決し執行を命じる。

地球院を構成する代議員はＧＯ設立時の構成で各国又は地域毎に１名選出され約２００名とする（２０１２年国連加盟は１９３か国）。１人１票の議決権を持ち多数決とする。任期は国ごとに決めるが10年を超えることはできない。

執行院

主に対象分野の「１　生物圏の維持管理（生物権の執行）」および「４　大量破壊兵器の管理」に関して検討議決し執行機関に執行を命じる。また執行機関の人事及び予算の決定を行う。

執行院は、地球全表面積を7地域に分割して各地域15名ずつ全105名の統轄員で構成される。各地域には統轄員選考委員会を設けて選考するが選考方法については各選考委員会に委ねる。任期は4年として欠員が生じた場合は速やかに補充する。

議決権は、各地域15名のうち5名（人口比統轄員）は地球全人口を200票とし地域毎の人口に比例配分した票数（小数点以下3桁、平均1人40票の議決権）を有し、他の10名（面積比統括員）は地球の全表面積（約5・1億㎢）を200票として7地域に比例配分した票数（小数点以下3桁、1人平均20票の議決権）を有する。

7地域とは

①アジア地域…ロシアを除くアジアで、日付変更線以西・赤道以北の太平洋および諸島、インド洋、日本海、東シナ海、南シナ海、ベンガル湾、アラビア海、ニューギニア島・ティモール島以北、アラビア・トルコ以東、ジョージア・カスピ海・カザフスタン・モンゴル以南

②ヨーロッパ地域…ロシアを除くヨーロッパで、黒海・ウクライナ・ベラルーシ・バルト三国・フィンランド以西、ノルウェー・グリーンランド以南、地中海以北、西経40度以東・北緯35度以北・北極圏を除く大西洋

③ロシア北極海域…現ロシア領、日付変更線以西・グリーンランド以東の北極海・ベーリン

グ海、オホーツク海
④北アメリカ地域…中米以北のアメリカ大陸、日付変更線以東・赤道以北の太平洋・ベーリング海・北極海、西経40度以西・北緯10度以北の大西洋、メキシコ湾、カリブ海
⑤南アメリカ地域…エクアドル以南のアメリカ大陸、日付変更線以東・赤道以南・南緯60度以北の太平洋および諸島、西経40度以西・北緯10度以南・南緯60度以北の大西洋
⑥アフリカ地域…地中海を除くアフリカ大陸、西経40度以東・北緯35度以南・南緯60度以北の大西洋、東経80度以西・赤道以南・南緯60度以北のインド洋
⑦オセアニア南極地域…ニュージーランドを含むオーストラリア大陸、南極大陸、日付変更線以西・赤道以南の太平洋および諸島・東経80度以東・赤道以南のインド洋、南緯60度以南の南極海

地球院、執行院の両院とも各院で決めた案件を提出することができる。代議員、統轄員とも各院で議案提出権を有し、各院で議決された案件は他の院で承認されなければ実施に移されない。両院で賛否が分かれた案件は両院合同会議となり、各員の有する票の多数決とする。票の総数は地球院２００票、執行院４００票の全６００票であるが、統轄員は小数点以下の票を有するので同数となることはなく、また執行院を優勢とする。

2 執行（管理）機関

院会の決定事項を執行実施

・対象分野以外は各国政府の権限下にありGOは関与しない。

・国あるいは団体がGOの対象分野に抵触した場合は当該国あるいは団体を説得し改善を促すが、最終的には強制力をもって是正する。戦闘行為は原則として禁止されるが、相手が明確な意思と具体的手段とをもって殺傷に及ぶ場合に限り、最小限の範囲でこれを許す。

・分野ごとに執行機関を組織する。

①生物圏管理部門

地球表面を人類圏と生物圏とに2分する。生物権の主旨に合致するべく、前者は地球全表面積の3分の2、後者は3分の1くらいを目安として確保する。圏域の決定および変更は院会で行うが、影響を受ける個人、組織または国に対する補償はその有無を含めて別途検討する。

生物圏は人間の侵入、利用、探索等を原則禁止する。飛来物等の人為的物品の侵入も禁止する。

生物圏の概要は次の通り。まずは立体的に、空域は海面および陸面（構築物を含む）から３０００メートルの空間、地下は陸上も海域も陸面から１００メートル以内の地下空間、海域は海面から海底までとする。航空機はこの地域では３０００メートル以上の利用となる。平面的には、海洋では経済的排他水域（ＥＥＺ）を除く海洋全域で船舶航路や埋設線の敷設域を除くが、ここにネットや壁などの構築物は禁止される。陸面では各大陸とも島《とう》嶼《しょ》も含めて人類の生存域以外のすべてで一定の連続した面積をもって生物圏とする。生物圏は人間以外の生物の生存域とし、生物の進化、繁殖、絶滅、その他に関与しない。例外事項として、産業革命以前の状態で生物圏内に生活している人類の存在、生物権の維持・深化・進行に必要な探査、等については更に検討する。人類圏と生物圏との境界は海上および陸上とも標識を設置し、人工衛星のほかに地球表面での監視を行う。侵入者および侵入物に対して罰則規定を設ける。

生物圏の地球上における具体的線引きは、地球院下の生物圏設定委員会で原案を作成し、各国調整の上地球院執行院両院合同院会で決定する。またこの変更においても同様の措置をとる。

生物権の普及、深化、再検討、維持のため教育研究機関を包括する。

②生物権から人類社会への提言

正確には「生物権を有する生物種全体から見た人類社会全体への提言」となる。地球院において その都度の提言原案作成小委員会とこれを補助する常設の事務局とを設ける。小委員会委員は地域、社会の各部門にバランスよく識者を選考する。生物権は意思も定かでなく言論も持たない法人格であるのでこれを代弁する機関となる。その時々の人類社会の事象、行動、思想に対して生物権の立場から高い見識をもって現在、近未来、長期展望に渡って原案を作成する。事務局には地球人全てから意見を受ける部門を設置し、原案作成の基礎資料とする。小委員会での原案は地球院で議決して正式提言となる。

③国家間調整部門

地球院で議決された国家間の諸問題を処理する。人類圏での問題を取り扱うが、国家（または地域）内の問題は国家又は地域が処理すべきものとして原則取り扱わない。司法部門と実行部門とを包含するが、司法判断に重きを置き、実施は当該国家間で行い調整的実行部門とする。大量破壊兵器に関しては④で処理する。

④大量破壊兵器管理部門

大量破壊兵器とは核兵器、大規模破壊兵器、それらの輸送手段、宇宙兵器、化学兵器、生物兵器等で、執行院の決定に従って国（または組織）全体で管理する。そのため各国から派遣された軍事力（兵員、武器、その他）を組織し大量破壊兵器に関して査察、探査、保管および廃棄を管理下に置くための実行組織とする。人事、予算、執行はすべて執行院の指示とする。

3　人事と財源

各分野（①、②、③、④）の長は執行院で選任する。各分野内の人事についてはその長が任命権を有する。

財源は主に各国の分担金によるが、各国の国力（経済力、人口、面積、軍事力など）、院会（執行院）への選出人数等を勘案して決める。④の予算の大部分は兵器の所有国がその数量に比例して分担する。

ＧＯの職員数、財源額は少数の国に偏らないように上限を定める。

図6a　現在の統治機構

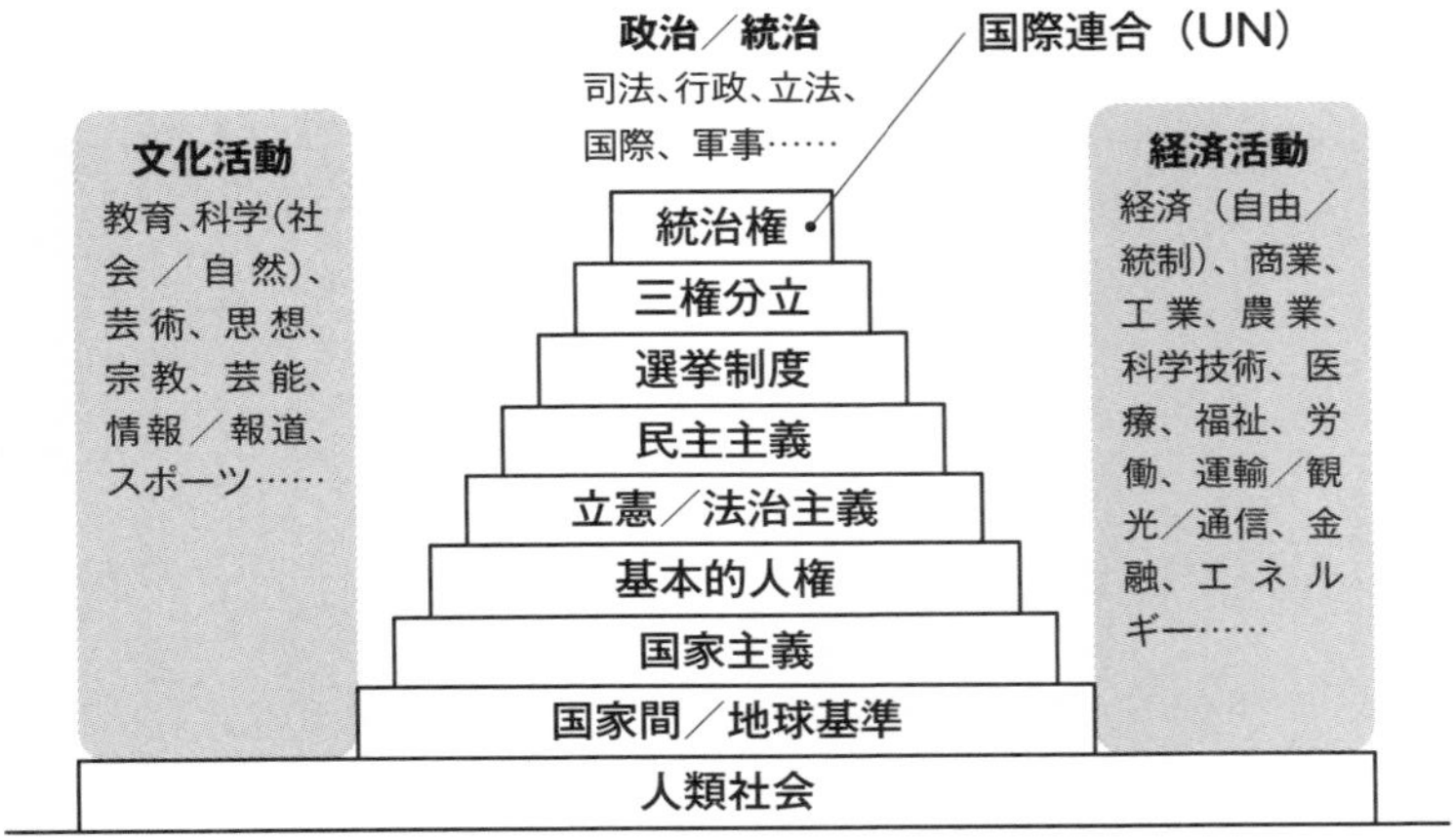
政治／統治
司法、行政、立法、
国際、軍事……
国際連合（UN）
文化活動
教育、科学（社会／自然）、芸術、思想、宗教、芸能、情報／報道、スポーツ……
経済活動
経済（自由／統制）、商業、工業、農業、科学技術、医療、福祉、労働、運輸／観光／通信、金融、エネルギー……
統治権
三権分立
選挙制度
民主主義
立憲／法治主義
基本的人権
国家主義
国家間／地球基準
人類社会

図6b　将来の統治機構

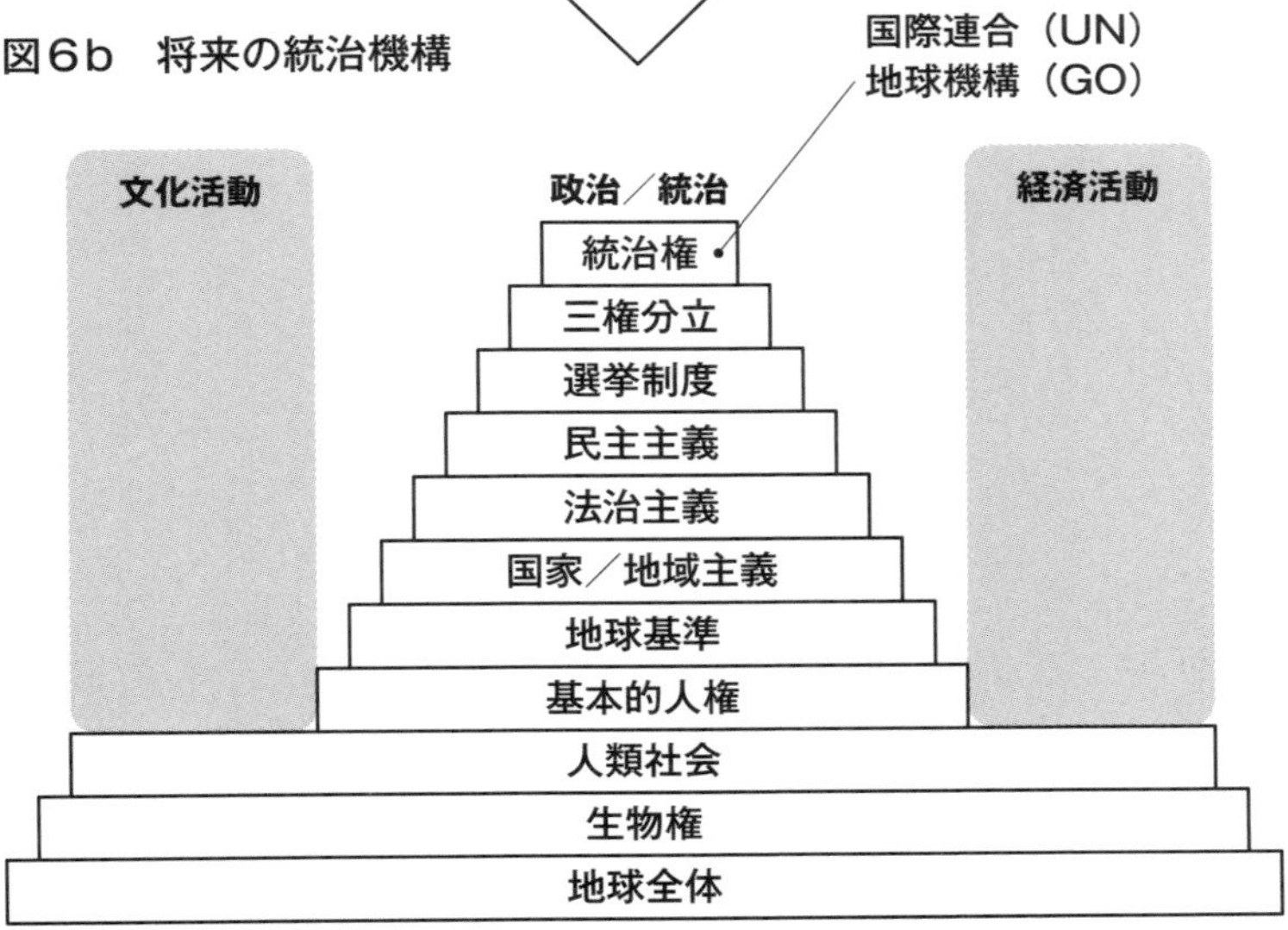
国際連合（UN）
地球機構（GO）
文化活動
政治／統治
経済活動
統治権
三権分立
選挙制度
民主主義
法治主義
国家／地域主義
地球基準
基本的人権
人類社会
生物権
地球全体

図５　2014 年頃から 2022 年頃までの世界の歴史

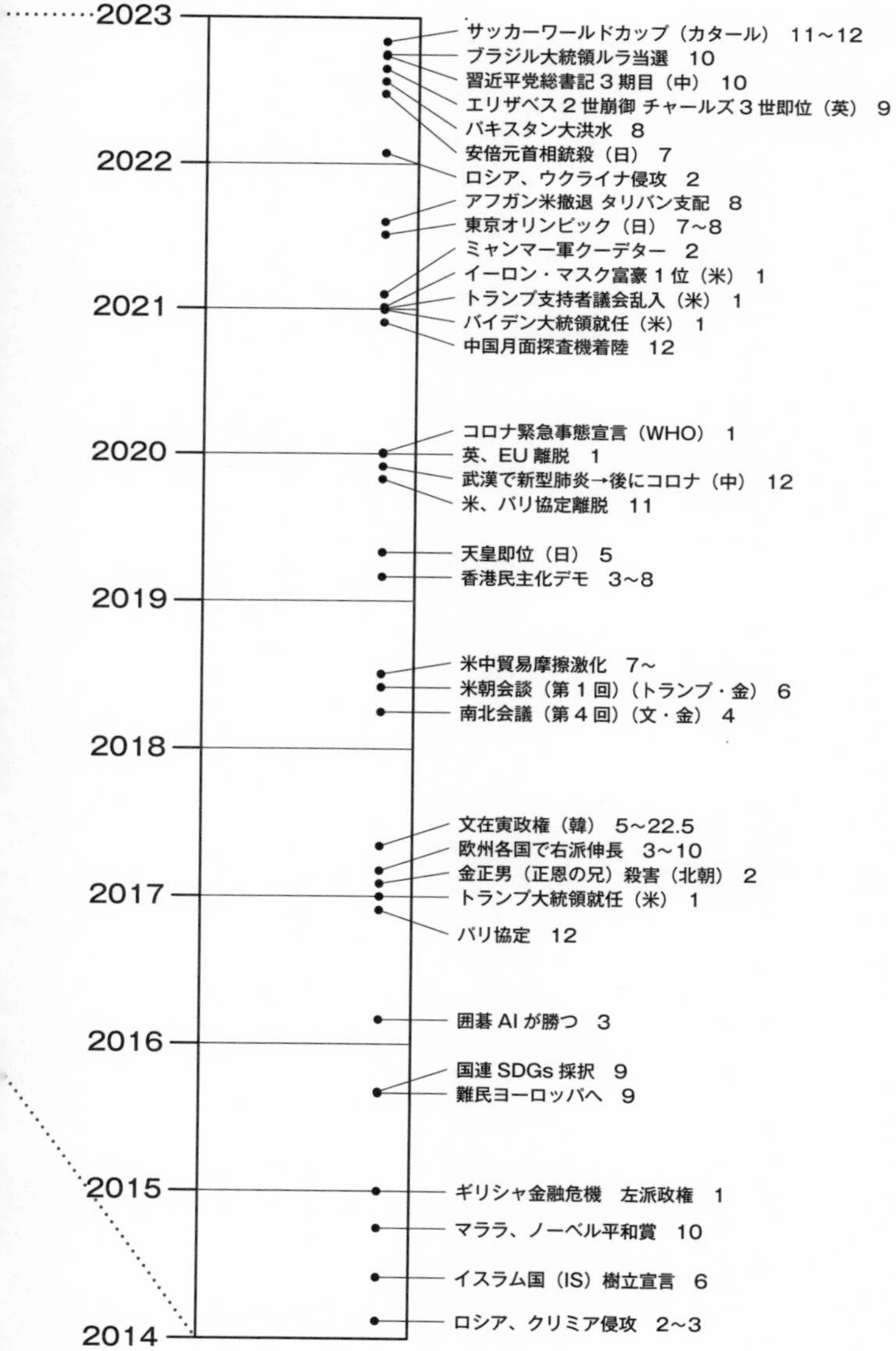
2023
サッカーワールドカップ（カタール）　11～12
ブラジル大統領ルラ当選　10
習近平党総書記３期目（中）　10
エリザベス２世崩御 チャールズ３世即位（英）　9
パキスタン大洪水　8
安倍元首相銃殺（日）　7
2022
ロシア、ウクライナ侵攻　2
アフガン米撤退 タリバン支配　8
東京オリンピック（日）　7～8
ミャンマー軍クーデター　2
イーロン・マスク富豪１位（米）　1
2021
トランプ支持者議会乱入（米）　1
バイデン大統領就任（米）　1
中国月面探査機着陸　12
コロナ緊急事態宣言（WHO）　1
2020
英、EU 離脱　1
武漢で新型肺炎→後にコロナ（中）　12
米、パリ協定離脱　11
天皇即位（日）　5
香港民主化デモ　3～8
2019
米中貿易摩擦激化　7～
米朝会談（第１回）（トランプ・金）　6
南北会議（第４回）（文・金）　4
2018
文在寅政権（韓）　5～22.5
欧州各国で右派伸長　3～10
金正男（正恩の兄）殺害（北朝）　2
2017
トランプ大統領就任（米）　1
パリ協定　12
囲碁 AI が勝つ　3
2016
国連 SDGs 採択　9
難民ヨーロッパへ　9
2015
ギリシャ金融危機　左派政権　1
マララ、ノーベル平和賞　10
イスラム国（IS）樹立宣言　6
ロシア、クリミア侵攻　2～3
2014

図4　1945年頃から2014年頃までの世界の歴史

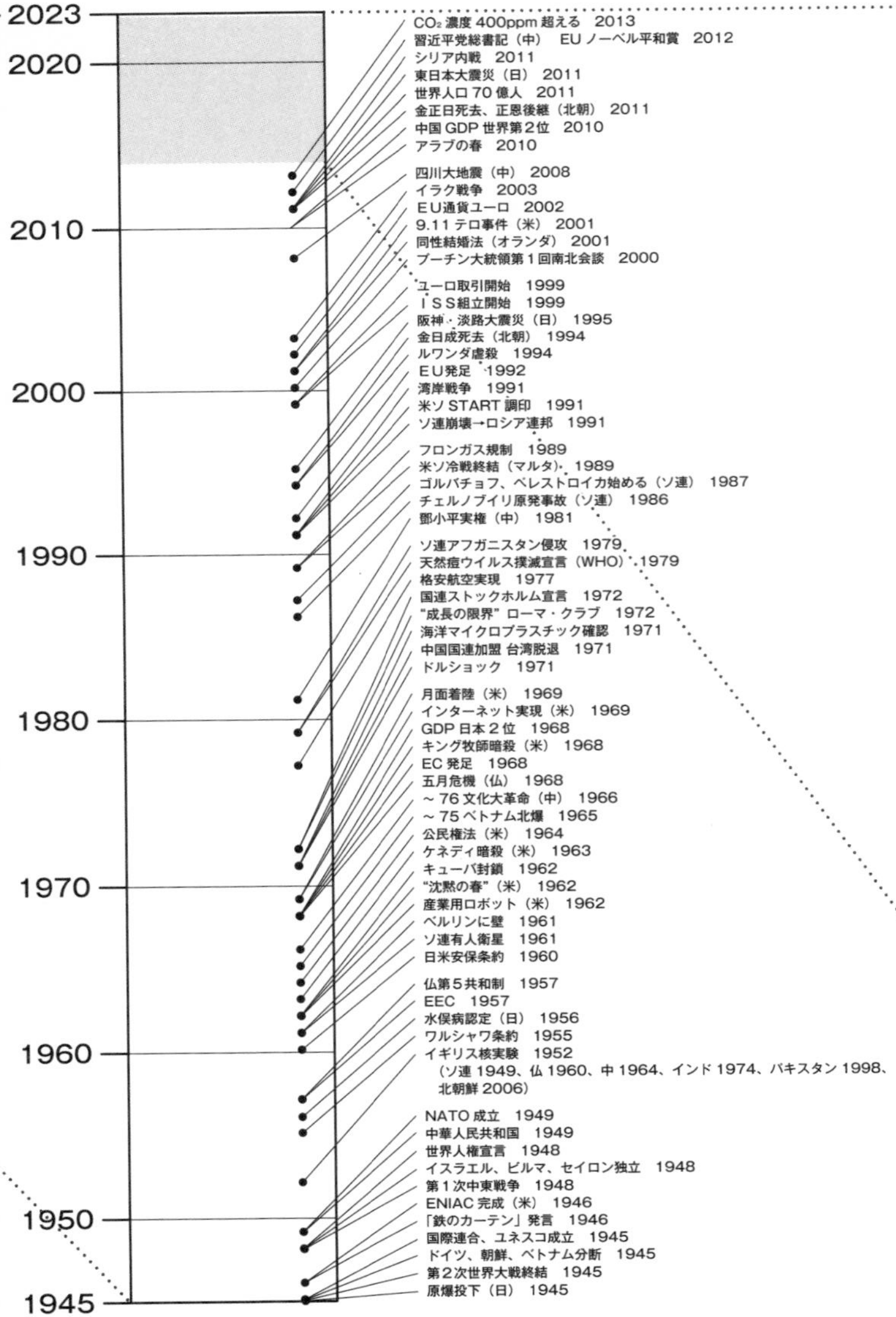

2023
2020
2010
2000
1990
1980
1970
1960
1950
1945
CO_2 濃度 400ppm 超える　2013
習近平党総書記（中）　EU ノーベル平和賞　2012
シリア内戦　2011
東日本大震災（日）　2011
世界人口 70 億人　2011
金正日死去、正恩後継（北朝）　2011
中国 GDP 世界第2位　2010
アラブの春　2010
四川大地震（中）　2008
イラク戦争　2003
ＥＵ通貨ユーロ　2002
9.11 テロ事件（米）　2001
同性結婚法（オランダ）　2001
プーチン大統領第１回南北会談　2000
ユーロ取引開始　1999
ＩＳＳ組立開始　1999
阪神・淡路大震災（日）　1995
金日成死去（北朝）　1994
ルワンダ虐殺　1994
ＥＵ発足　1992
湾岸戦争　1991
米ソ START 調印　1991
ソ連崩壊→ロシア連邦　1991
フロンガス規制　1989
米ソ冷戦終結（マルタ）　1989
ゴルバチョフ、ペレストロイカ始める（ソ連）　1987
チェルノブイリ原発事故（ソ連）　1986
鄧小平実権（中）　1981
ソ連アフガニスタン侵攻　1979
天然痘ウイルス撲滅宣言（WHO）　1979
格安航空実現　1977
国連ストックホルム宣言　1972
“成長の限界” ローマ・クラブ　1972
海洋マイクロプラスチック確認　1971
中国国連加盟 台湾脱退　1971
ドルショック　1971
月面着陸（米）　1969
インターネット実現（米）　1969
GDP 日本２位　1968
キング牧師暗殺（米）　1968
EC 発足　1968
五月危機（仏）　1968
～ 76 文化大革命（中）　1966
～ 75 ベトナム北爆　1965
公民権法（米）　1964
ケネディ暗殺（米）　1963
キューバ封鎖　1962
“沈黙の春”（米）　1962
産業用ロボット（米）　1962
ベルリンに壁　1961
ソ連有人衛星　1961
日米安保条約　1960
仏第５共和制　1957
EEC　1957
水俣病認定（日）　1956
ワルシャワ条約　1955
イギリス核実験　1952
（ソ連 1949、仏 1960、中 1964、インド 1974、パキスタン 1998、
北朝鮮 2006）
NATO 成立　1949
中華人民共和国　1949
世界人権宣言　1948
イスラエル、ビルマ、セイロン独立　1948
第１次中東戦争　1948
ENIAC 完成（米）　1946
「鉄のカーテン」発言　1946
国際連合、ユネスコ成立　1945
ドイツ、朝鮮、ベトナム分断　1945
第２次世界大戦終結　1945
原爆投下（日）　1945

図3　1700年頃から1945年頃までの世界の歴史

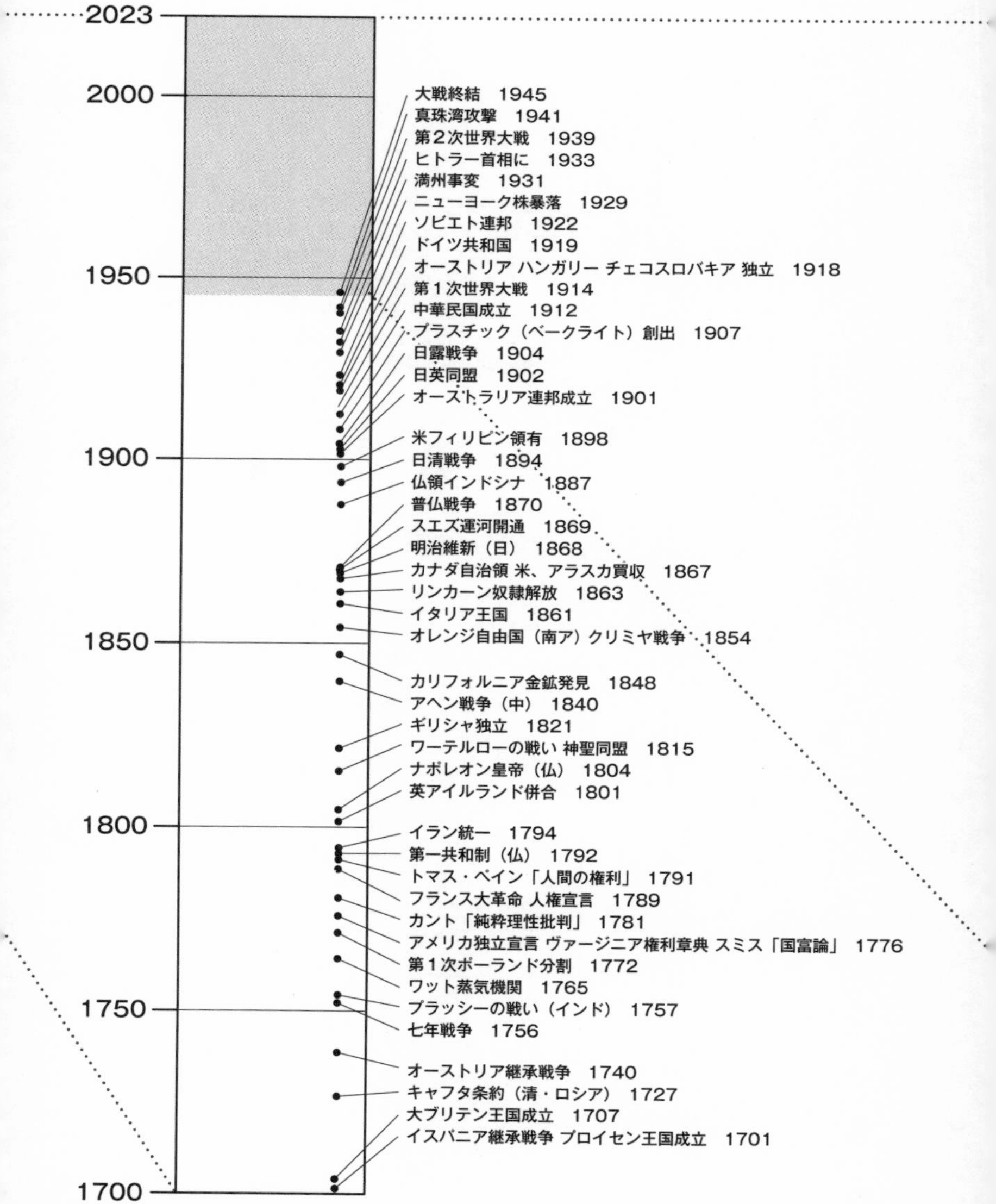
2023
2000
1950
1900
1850
1800
1750
1700
大戦終結　1945
真珠湾攻撃　1941
第2次世界大戦　1939
ヒトラー首相に　1933
満州事変　1931
ニューヨーク株暴落　1929
ソビエト連邦　1922
ドイツ共和国　1919
オーストリア ハンガリー チェコスロバキア 独立　1918
第1次世界大戦　1914
中華民国成立　1912
プラスチック（ベークライト）創出　1907
日露戦争　1904
日英同盟　1902
オーストラリア連邦成立　1901
米フィリピン領有　1898
日清戦争　1894
仏領インドシナ　1887
普仏戦争　1870
スエズ運河開通　1869
明治維新（日）　1868
カナダ自治領 米、アラスカ買収　1867
リンカーン奴隷解放　1863
イタリア王国　1861
オレンジ自由国（南ア）クリミヤ戦争　1854
カリフォルニア金鉱発見　1848
アヘン戦争（中）　1840
ギリシャ独立　1821
ワーテルローの戦い 神聖同盟　1815
ナポレオン皇帝（仏）　1804
英アイルランド併合　1801
イラン統一　1794
第一共和制（仏）　1792
トマス・ペイン「人間の権利」　1791
フランス大革命 人権宣言　1789
カント「純粋理性批判」　1781
アメリカ独立宣言 ヴァージニア権利章典 スミス「国富論」　1776
第1次ポーランド分割　1772
ワット蒸気機関　1765
プラッシーの戦い（インド）　1757
七年戦争　1756
オーストリア継承戦争　1740
キャフタ条約（清・ロシア）　1727
大ブリテン王国成立　1707
イスパニア継承戦争 プロイセン王国成立　1701

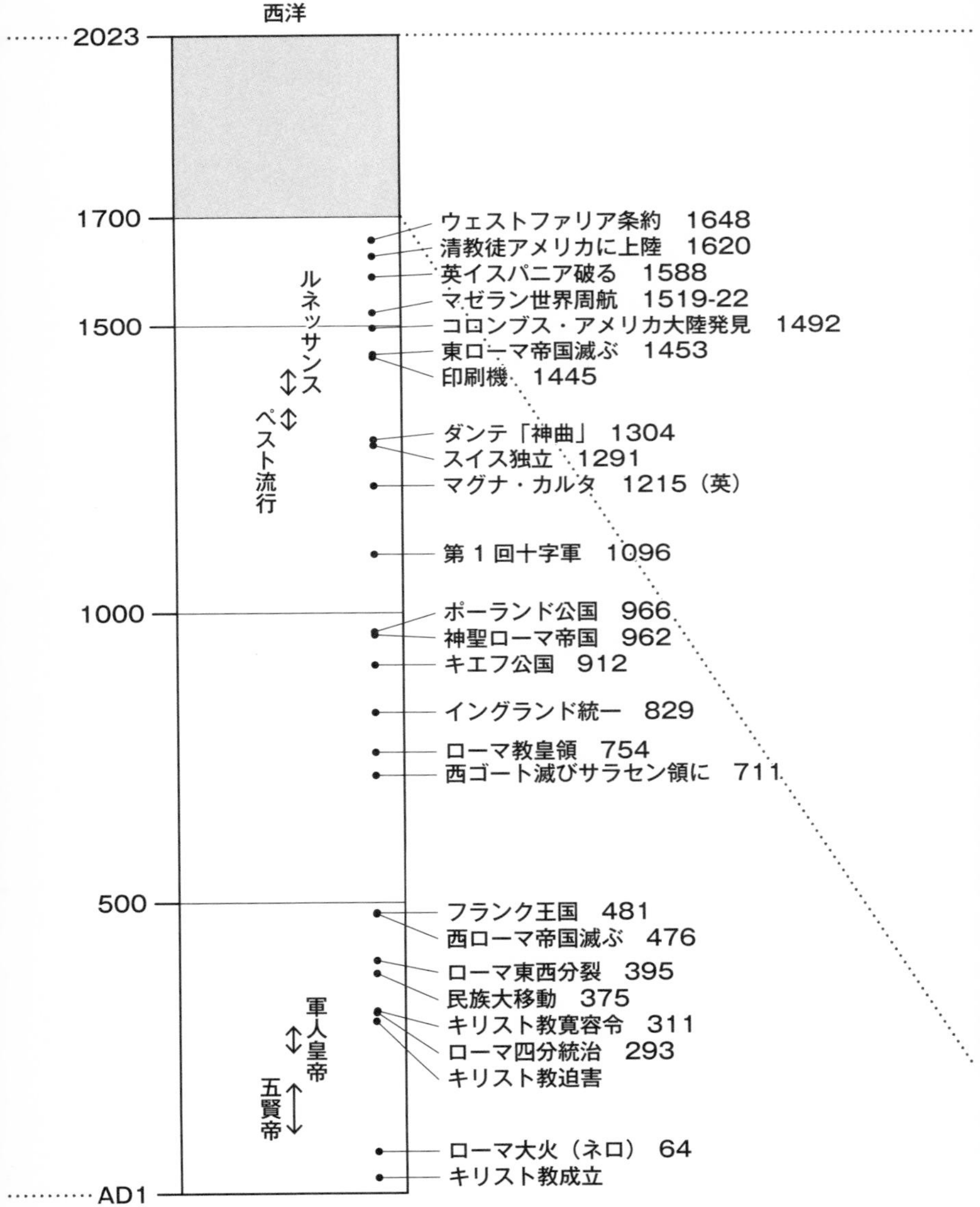

西洋
2023
1700
1500
1000
500
AD1
ルネッサンス
ペスト流行
軍人皇帝
五賢帝
ウェストファリア条約 1648
清教徒アメリカに上陸 1620
英イスパニア破る 1588
マゼラン世界周航 1519-22
コロンブス・アメリカ大陸発見 1492
東ローマ帝国滅ぶ 1453
印刷機 1445
ダンテ「神曲」 1304
スイス独立 1291
マグナ・カルタ 1215（英）
第1回十字軍 1096
ポーランド公国 966
神聖ローマ帝国 962
キエフ公国 912
イングランド統一 829
ローマ教皇領 754
西ゴート滅びサラセン領に 711
フランク王国 481
西ローマ帝国滅ぶ 476
ローマ東西分裂 395
民族大移動 375
キリスト教寛容令 311
ローマ四分統治 293
キリスト教迫害
ローマ大火（ネロ） 64
キリスト教成立

図 2-2　AD1 年頃から 1700 年頃までの東洋と西洋の歴史

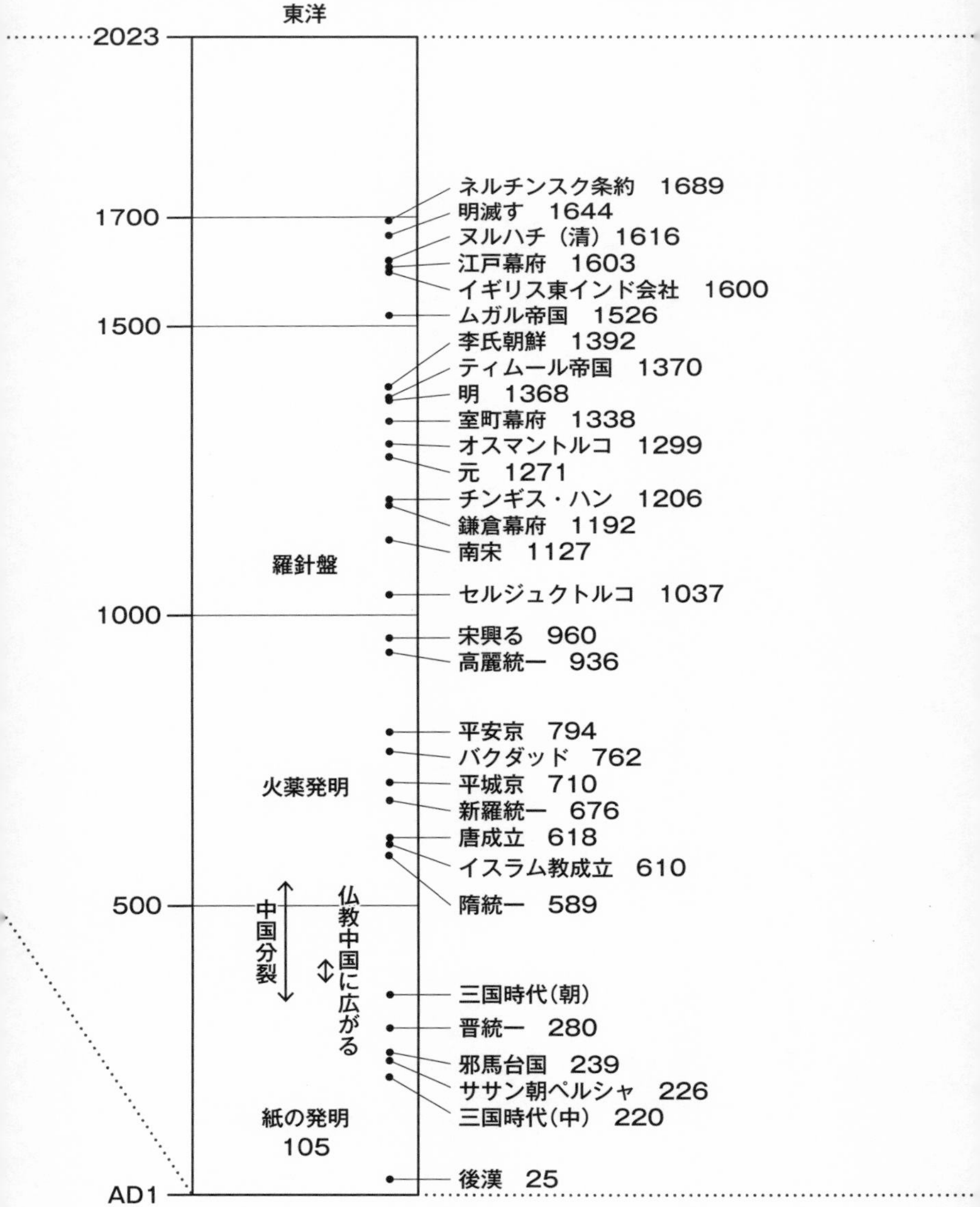
東洋
2023
1700
1500
1000
500
AD1
ネルチンスク条約　1689
明滅す　1644
ヌルハチ（清）1616
江戸幕府　1603
イギリス東インド会社　1600
ムガル帝国　1526
李氏朝鮮　1392
ティムール帝国　1370
明　1368
室町幕府　1338
オスマントルコ　1299
元　1271
チンギス・ハン　1206
鎌倉幕府　1192
南宋　1127
羅針盤
セルジュクトルコ　1037
宋興る　960
高麗統一　936
平安京　794
バクダッド　762
火薬発明
平城京　710
新羅統一　676
唐成立　618
イスラム教成立　610
隋統一　589
中国分裂
仏教中国に広がる
三国時代(朝)
晋統一　280
邪馬台国　239
ササン朝ペルシャ　226
三国時代(中)　220
紙の発明
105
後漢　25

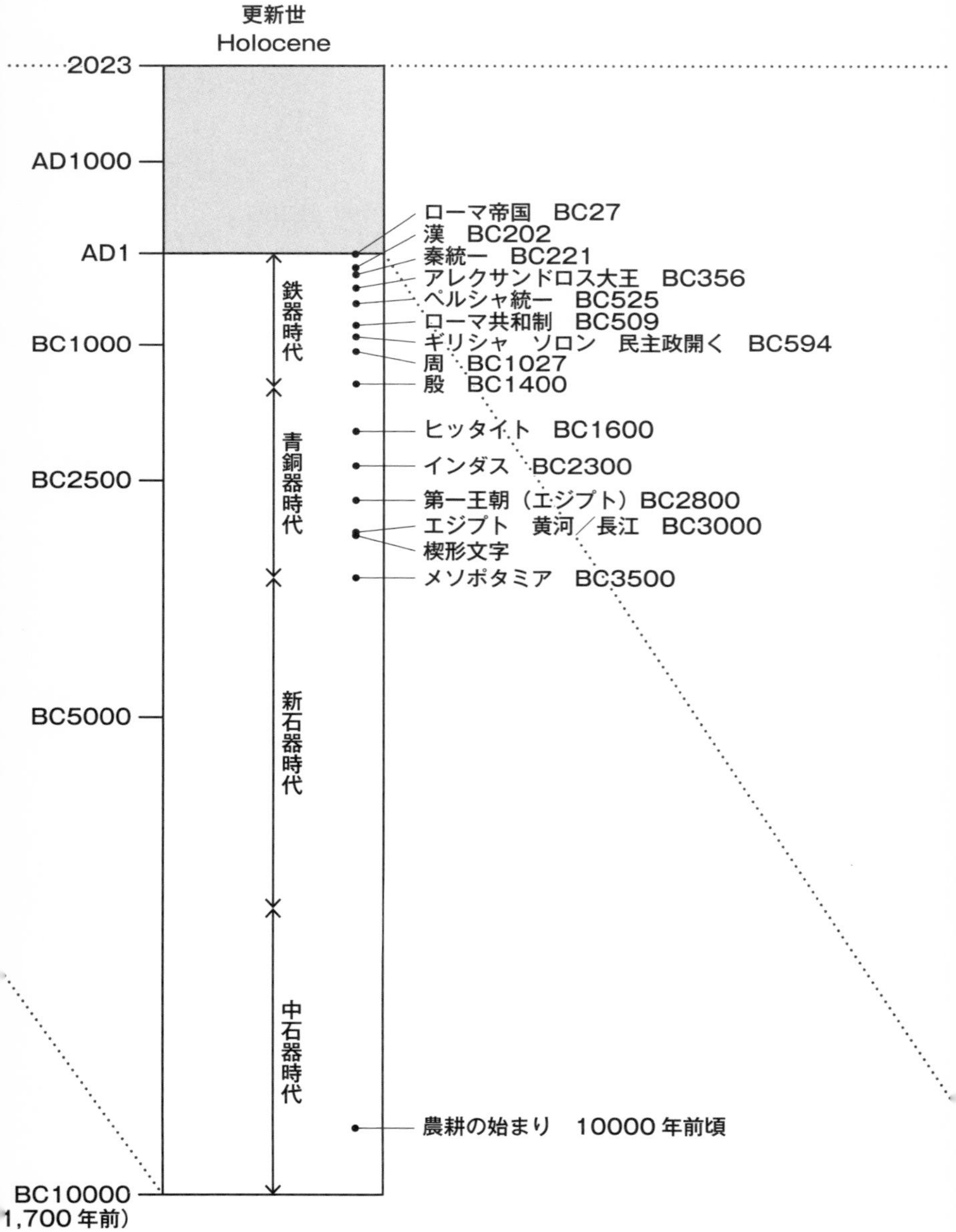
更新世
Holocene
2023
AD1000
AD1
BC1000
BC2500
BC5000
BC10000
1,700年前)
鉄器時代
青銅器時代
新石器時代
中石器時代
ローマ帝国　BC27
漢　BC202
秦統一　BC221
アレクサンドロス大王　BC356
ペルシャ統一　BC525
ローマ共和制　BC509
ギリシャ　ソロン　民主政開く　BC594
周　BC1027
殷　BC1400
ヒッタイト　BC1600
インダス　BC2300
第一王朝（エジプト）BC2800
エジプト　黄河／長江　BC3000
楔形文字
メソポタミア　BC3500
農耕の始まり　10000年前頃

図 2-1　人類の出現から AD1 年頃までの世界の歴史

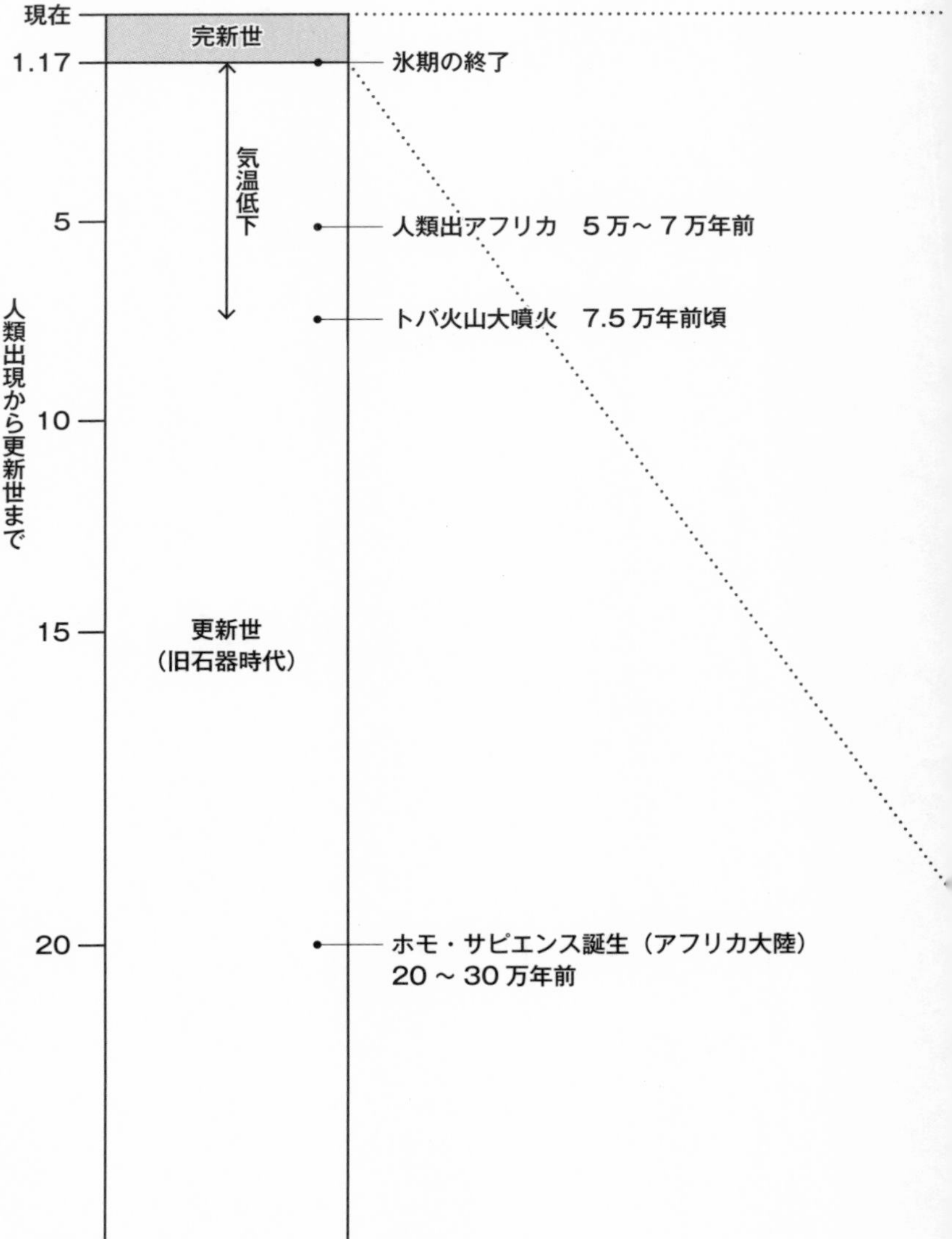

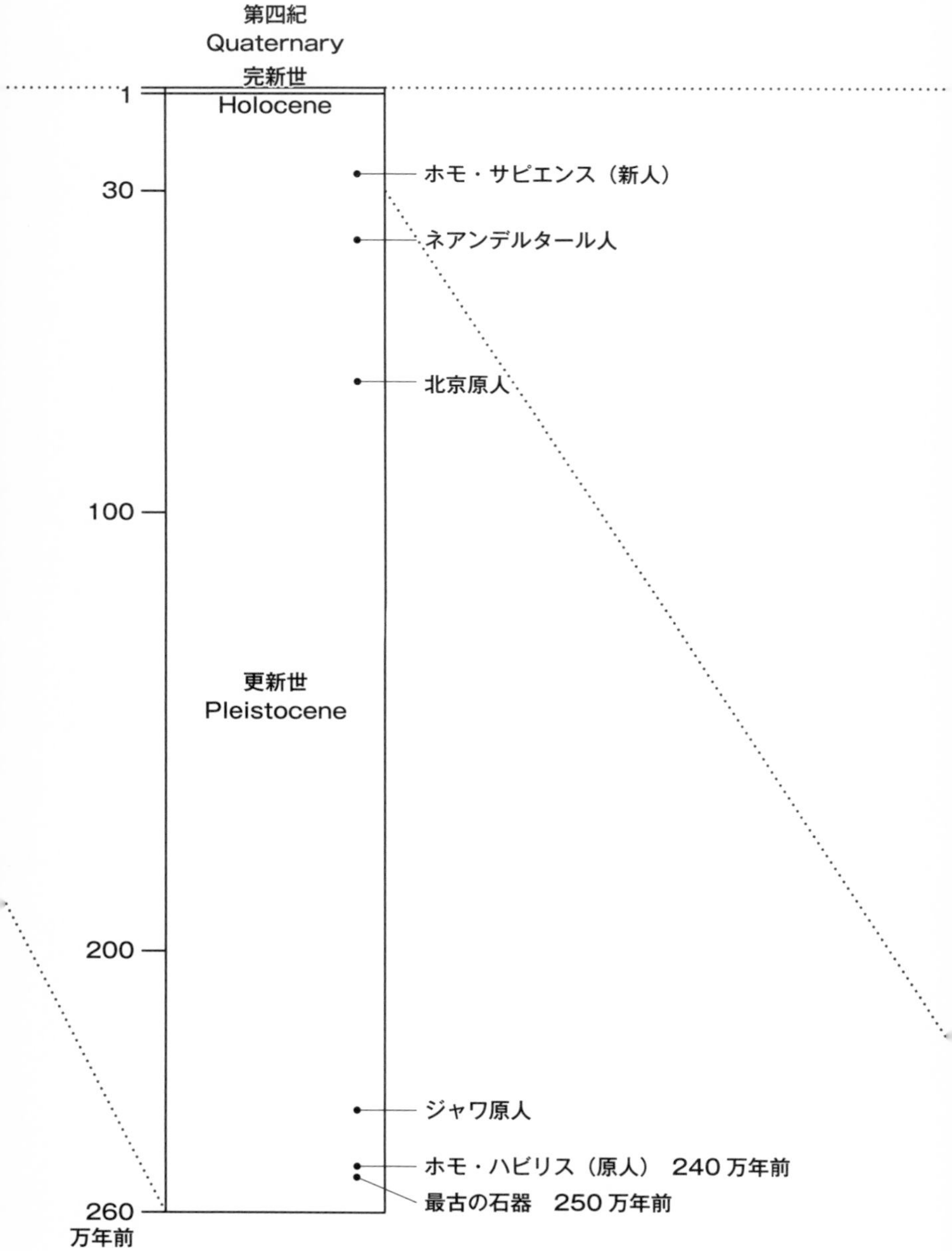
第四紀
Quaternary
完新世
Holocene
1
30
100
200
260
万年前
ホモ・サピエンス（新人）
ネアンデルタール人
北京原人
更新世
Pleistocene
ジャワ原人
ホモ・ハビリス（原人）　240 万年前
最古の石器　250 万年前

図 1-2　地球の年代（新生代から人類の出現まで）

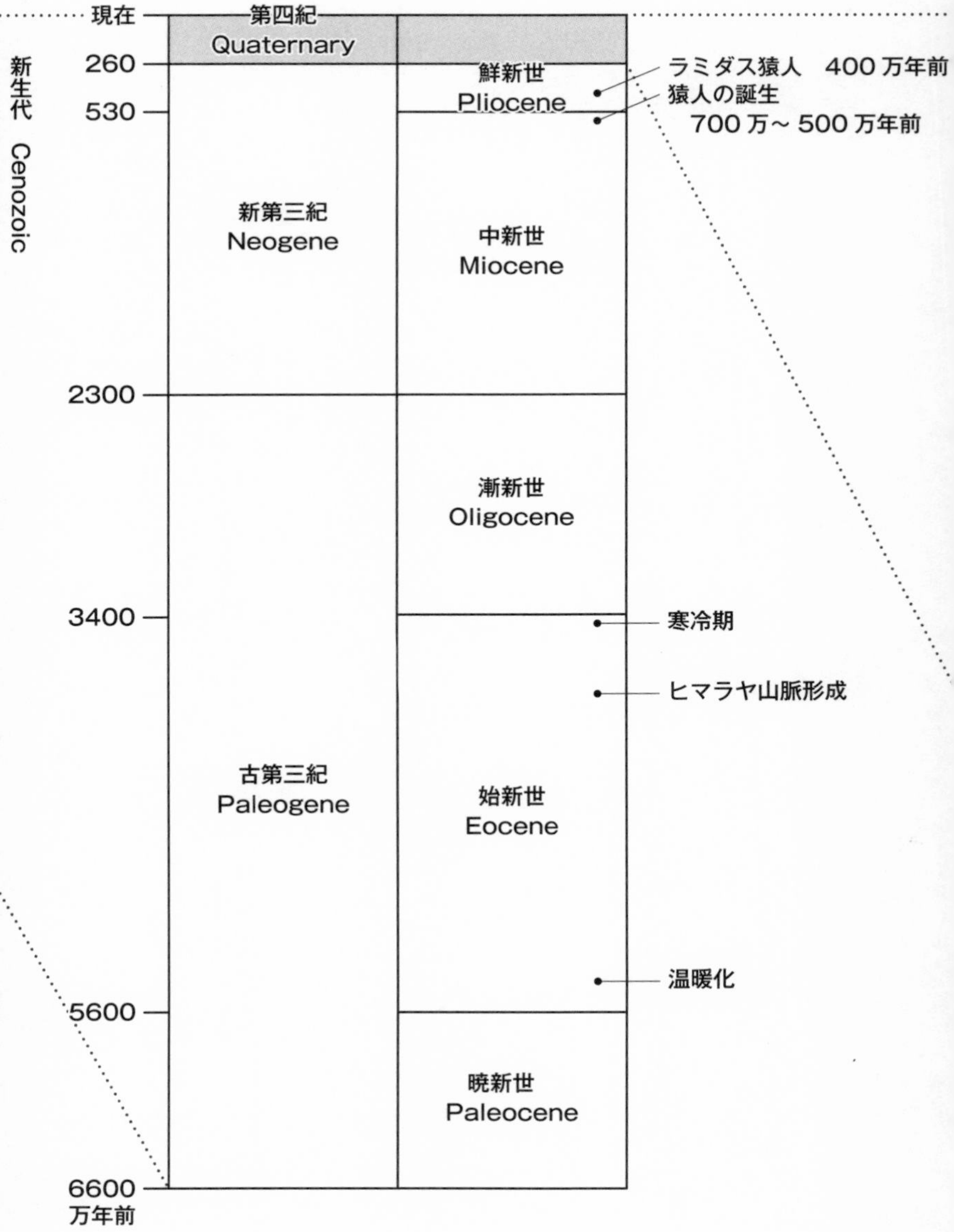

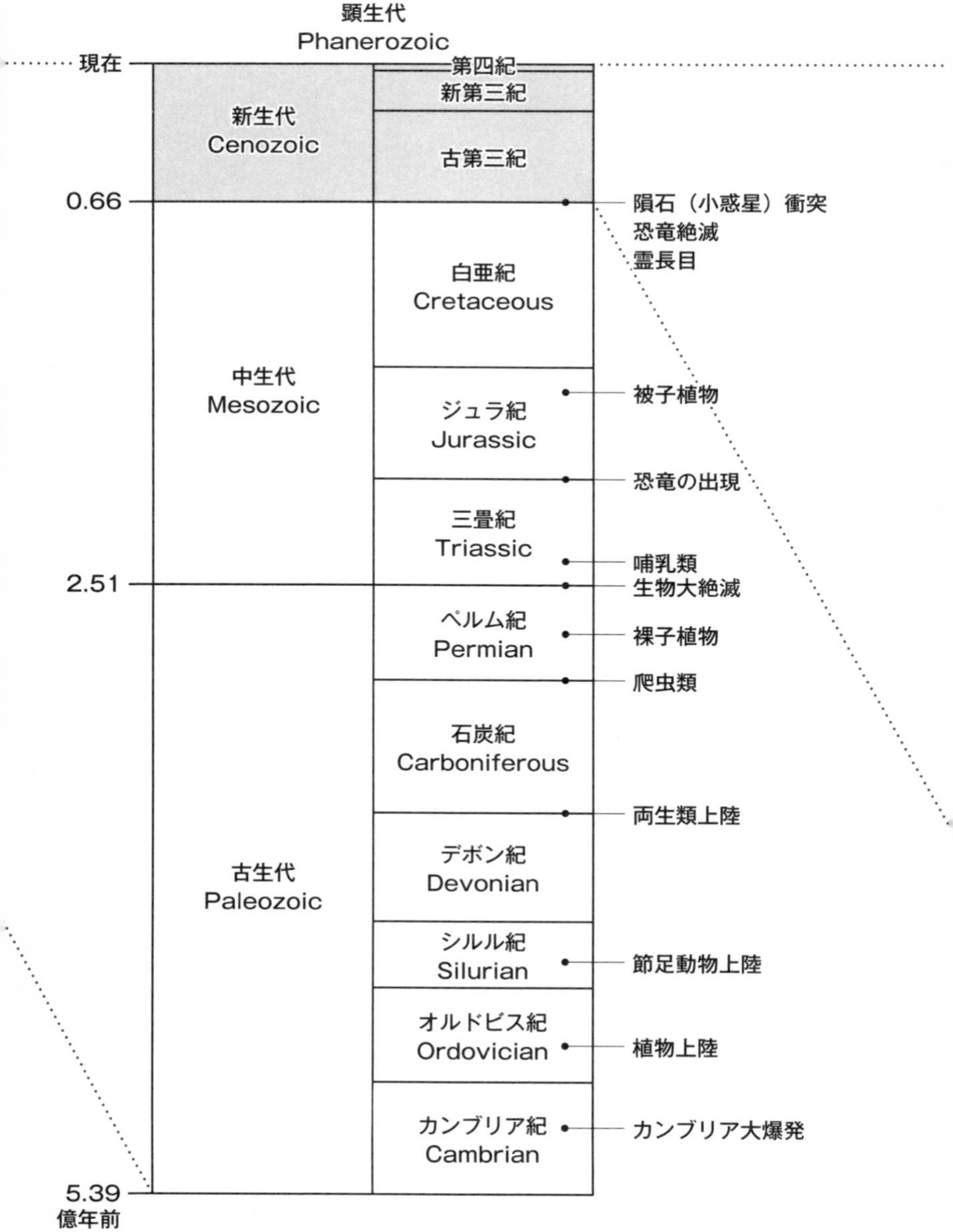
顕生代
Phanerozoic
現在
第四紀
新第三紀
新生代
Cenozoic
古第三紀
0.66
隕石（小惑星）衝突
恐竜絶滅
霊長目
白亜紀
Cretaceous
中生代
Mesozoic
ジュラ紀
Jurassic
被子植物
恐竜の出現
三畳紀
Triassic
哺乳類
2.51
生物大絶滅
ペルム紀
Permian
裸子植物
爬虫類
石炭紀
Carboniferous
両生類上陸
古生代
Paleozoic
デボン紀
Devonian
シルル紀
Silurian
節足動物上陸
オルドビス紀
Ordovician
植物上陸
カンブリア紀
Cambrian
カンブリア大爆発
5.39
億年前

図 1-1　地球の年代（中生代まで）

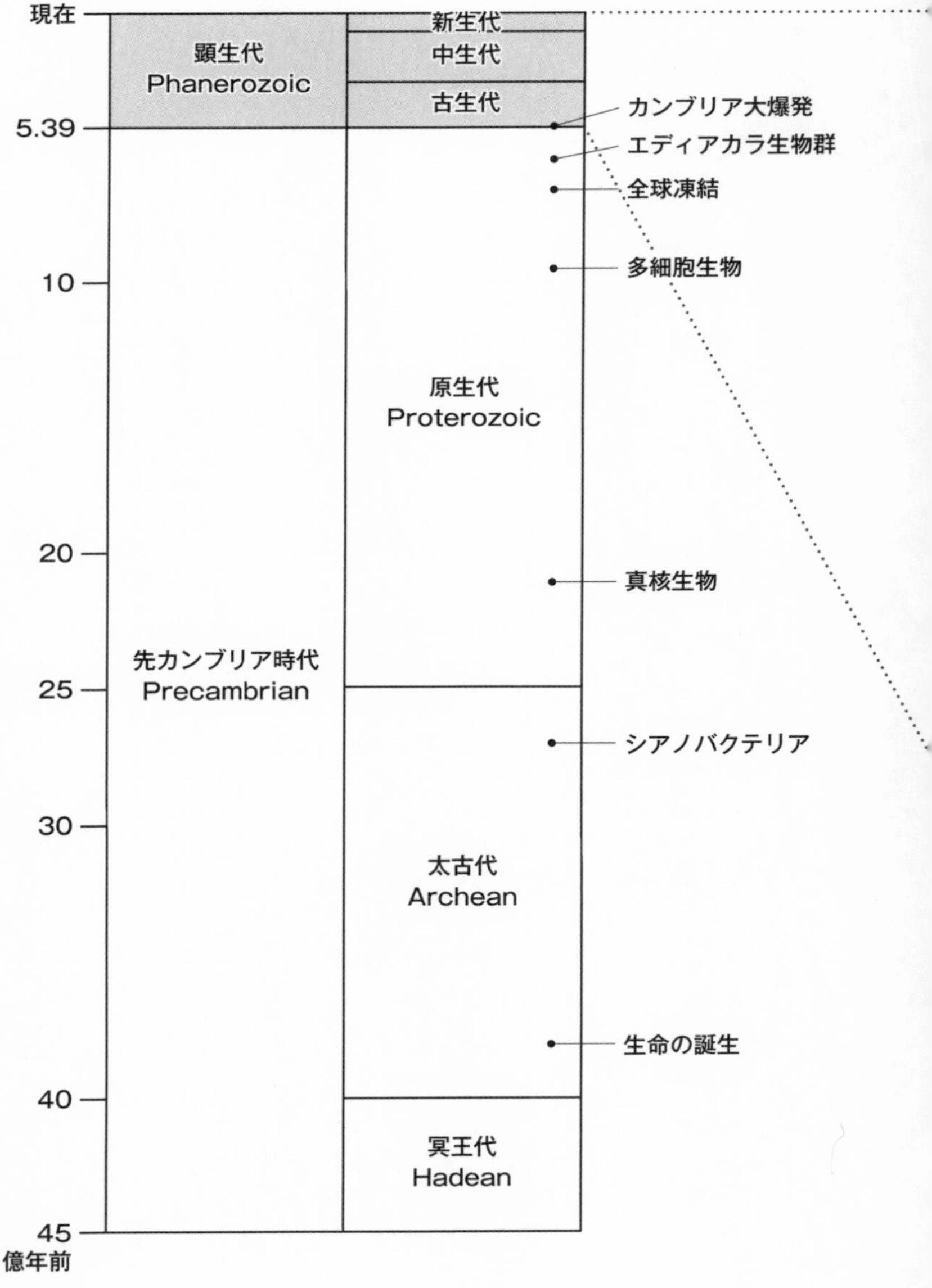
現在
5.39
10
20
25
30
40
45
億年前
顕生代
Phanerozoic
新生代
中生代
古生代
先カンブリア時代
Precambrian
原生代
Proterozoic
太古代
Archean
冥王代
Hadean
カンブリア大爆発
エディアカラ生物群
全球凍結
多細胞生物
真核生物
シアノバクテリア
生命の誕生

著者プロフィール

関口 博（せきぐち ひろし）

1940年　東京都生まれ
1964年　東京都立武蔵高校卒業
1969年　東京農工大学農学部獣医学科卒業
　　　　民間会社に就職
1972年　東京都畜産試験場就職
2001年　同試験場定年退職
　　　　福島県に移住
2012年　北海道に転居。現在に至る

生物権

2024年2月15日　初版第1刷発行

著　者　関口 博
発行者　瓜谷 綱延
発行所　株式会社文芸社
　　　　〒160-0022　東京都新宿区新宿1－10－1
　　　　　　　　　　電話　03-5369-3060（代表）
　　　　　　　　　　　　　03-5369-2299（販売）

印刷所　株式会社エーヴィスシステムズ

ISBN978-4-286-24364-1